科普经典译丛
KEPU JINGDIAN YICONG

活力地球

地球的灾难

地震、火山及其他地质灾害

◎〔美〕乔恩·埃里克森 著
◎ 李继磊 杨林玉 袁瑞玚 译

首都师范大学出版社
CAPITAL NORMAL UNIVERSITY PRESS

图书在版编目（CIP）数据

　　地球的灾难：地震、火山及其他地质灾害/(美)乔恩·埃里克森著；李继磊，
杨林玉，袁瑞场译. 一北京：首都师范大学出版社，2010.7
　　（科普经典译丛.活力地球）
　　ISBN 978-7-5656-0051-7

　　Ⅰ.①地… Ⅱ.①乔… ②李… ③杨… ④袁… Ⅲ.①地质灾害－普及读物
Ⅳ. ①P694-49

中国版本图书馆CIP数据核字(2010)第130744号

QUAKES, ERUPTIONS, AND OTHER GEOLOGIC CATACLYSMS: Revealing the Earth's
Hazards, Revised Edition by Jon Erickson
Copyright © 2001, 1994 by Jon Erickson
This edition arranged by Facts On File, Inc.
Simplified Chinese edition copyright © 2010 by Capital Normal University Press
All rights reserved.
北京市版权局著作权合同登记号 图字:01-2008-2147

活力地球丛书

DIQIU DE ZAINAN—DIZHEN HUOSHAN JI QITA DIZHI ZAIHAI

地球的灾难——地震、火山及其他地质灾害（修订版）

[美]乔恩·埃里克森　著

李继磊　杨林玉　袁瑞场　译

项目统筹　杨林玉		版权引进　杨小兵　喜崇爽	
责任编辑　马　岩　刘　莎		封面设计　王征发	
责任校对　李佳艺			

首都师范大学出版社出版发行
地　　址　北京西三环北路105号
邮　　编　100048
电　　话　010-68418523（总编室）　　68982468（发行部）
网　　址　www.cnupn.com.cn
北京集惠印刷有限责任公司印刷
全国新华书店发行
版　　次　2010年7月第1版
印　　次　2013 年 2 月第 5 次印刷
开　　本　787mm×1092mm　1/16
印　　张　18.75
字　　数　235千
定　　价　43.00元

目录

1 动态的地球

板块构造活动

2 地震

地面的震动

3 火山爆发

地球内部物质的流出

10　大灭绝

生命的消失

简表

致谢

感谢美国国家航空和航天局、加拿大国家图书馆、美国大气及海洋管理局、美国国家光学天文台、美国国家公园管理局、美国空军、美国陆军、美国陆军工程兵团、美国农业部、美国农业部林业局、美国农业部土壤资源保护局、美国能源部、美国地质调查局以及美国海军。

作者同样感谢高级编辑弗兰克·达姆施塔特先生和副编辑辛西娅·亚兹贝克女士为本套书的制作、出版付出的努力。

序言

在人类的各个历史时期，人们最大的恐惧莫过于地球的愤怒。尽管科学技术和地质工程已经能够有效地减少这些灾害带给人类的震惊以及带给地球的破坏，但是，一个超出人们所有预料之外的地质事件的发生却是可能的。由于人类的繁衍扩展到了那些具有潜在地质危险或地质状况不稳定的区域附近，我们能够轻而易举地见证那些地球的灾难——正如《圣经》里预言的那样。这些灾害成了无数文学著作和电影的主题。许多学院和大学也提供关于这些灾害的课程，有许多人参加。本书为乔恩·埃里克森所著的《地球的灾难——地震、火山及其他地质灾害》的修订版，它用一种简单通俗的文字，叙述并解释了这些自然灾害。令人感到惊讶的是，文章显得一点都不冗杂。

地球能给我们带来许多种灾害，有一些是剧烈的，有一些是缓慢的。有些能导致大量的生命逝去，有些会造成多数的财产损失，但生命损失可能少些，而有些却是两者兼而有之。本书选择介绍了九种跨越不同类型的地质灾害。第一章介绍了运动不止的地球，并对后面几章的一些内容做了铺垫，介绍了板块构造的现象，以及其他导致许多灾害（主要是地震和火山）发生的板块构造力。第二章叙述了当代许多剧烈的破坏性地震，描述了地震及其造成的灾害、地震伴随的现象以及产生地震断层的地质背景。关于活动地震带的位置和许多地震复发的介绍在板块构造的章节中。第三章首先叙述了与第二章描述的地震类似的几个灾害性的火山喷发，还介绍了火山喷发的物理和化学作用，在本章中，作者通过实际发生的例子，生动地描绘了其中的每一个过程。最后，作者还把火山置于板块构造的模型当中来分析。

第四章至第十章阐述了关于重力驱动以及与气候相关的地质现象，还讲述了地球外力作用的影响。第四章和第五章分别描述了地球的运动和地壳的下沉，这些灾害是在重力驱动下发生的，由危险的、不稳定的岩石和土层的破坏作用引起。这些现象可以由地震、火山或者其他因素引发。文中给出的许多事例均由地震或火山引起，因为它们构造的景象蔚为壮观。第六章、第七章和第八章介绍的现象和气候有关。河流的两岸、沿海地区，洪水几乎是周期性地发生。当人们居住在洪泛区，或者当某些区域的降水量陡然增加的时候，精心的防洪措施和预测洪灾的有效方法是十分必要的。过度放牧、某些（落后的）耕种方法、地面水和地下水的过度使用导致了土地沙漠化以及伴随而来的沙尘暴。上面提到的这些原因，都是现代文明中的常见现象，并且在随着人口的增加而加剧。向南急剧扩张的撒哈拉沙漠和美国中西部的沙尘暴区往往被用来说明这种灾害的威力。最后一个与气候相关的灾害是冰川。关于这部分的内容，本书介绍大陆冰川的形成和消融，尤其提到了沿海地区的洪灾。

文中的最后两章描述了流星的撞击和大灭绝。在本书中，恐龙的灭绝被归结于流星撞击的影响。不过，其他因素也可能是引起或加速大灭绝的原因，如火山作用和气候变化。人类同样也是一个促使大灭绝产生的原因。

本书融会贯通地讲述了各种自然灾害，却不冗杂，作者通过具体事件，解释自然灾害产生的过程。这种方式使得即使对科学心生畏惧的人读起来也会饶有兴致。该书同时包含有一个术语表，以便准确地定义所用到的科学术语。该书可供高中生、大学生以及其他对自然灾害感兴趣的读者阅读。

——亚历山大·盖茨 博士

简介

从远古时代开始，地质灾害就一直困扰着人类。我们居住在一个运动不止的星球，这里有带来生命和财产损失的毁坏性地震、火山爆发及其他灾害性的地质活动。组成地球外壳的板块混杂地相互作用，不停地改造着地球的外在景观，同时也导致了这些地质灾害（对人类而言）。板块构造作用力也是山脉隆升以及产生一系列地质现象的原因，这种作用力常伴随着地震、火山及其他与地球运动有关的过程而产生。

地震是最具破坏性的自然力量。它能产生大面积的破坏，摧毁整座城市，杀死成千上万的人。火山是仅次于地震的、导致生命财产损失的破坏性自然力量。其他地质灾害有地面的破坏，洪水，沙尘暴等。由于人们大量居住在河水泛滥时形成的河漫滩，所以洪水变得比以前更具有危险性。沙尘暴能够直接威胁到人类的生命并能引起土壤的侵蚀。在持续的间冰期，由于气候不断地变暖，冰川将会消融，引起海平面升高，同时淹没沿海地区。在这个资源有限的星球上，当人口持续地增长且失去控制，我们将面临一个危险的处境，那就是：对于地球而言，我们人类自身成了一个最具毁坏性的因素。

本书最开始介绍了塑造我们的星球的地质力，尔后讨论了由地震断层引起的地面震动的影响，接着分析了火山活动及它对人类文明的危险。之后，本书叙述了由地面的破坏和灾害性塌陷引起的地质灾害。洪水，可能是最广泛的地质灾害，本书中亦详细地介绍了它的方方面面。冰川消融引起海平面升高，本书也关注运动的冰川的影响。可能最具破坏性的地质力是陨石对地球的撞击。人类是影响环境的另一个重大因素，地球上的动植物正以令人担忧的速度从地球上消失。

修订后的版本对人类文明面临的地质灾害作了更为广阔的描述。爱好科学的人对这一课题格外地感兴趣，同时，阅读本书，也能使他们获得关于这些自然力如何作用于地球的更好认识。学习地质和地球科学的学生将会发现本书对今后的学习颇有帮助。读者将享受该书作者精心组织的清楚易懂的文字。本书还配有大量的图片、详细的图释及精细的表格。书中还提供了一个完整的术语表，用来定义较难把握的术语，我们的地球生机勃勃、永不止息地运动，塑造了地球的地质过程就是最好的证明。

1

动态的地球

板块构造活动

　　本章介绍了塑造我们这个世界的地质作用力。地球是一个运动不止的星球，隆起的山脉、裂开的峡谷、喷发的火山以及颤抖的地震——太阳系里没有其他任何一个天体有着如此多的与众不同的景观，强烈的风化作用削减高山、凿出深谷，塑造了这些风景。

　　这些活动是板块构造活动的表现。构造的英文单词是tectonics，它来源于希腊文的tekton，意思是〝塑造〞，指的是部分地壳的增生、运动和消减。板块活动使得板块在全球范围里运动，从而使得地球一直处于地质演化和生命的更替之中，成为一个生生不息的星球。如果不是板块之间相互作用，从而产生无数的地质现象，地球将变成一个荒无人烟的世界。

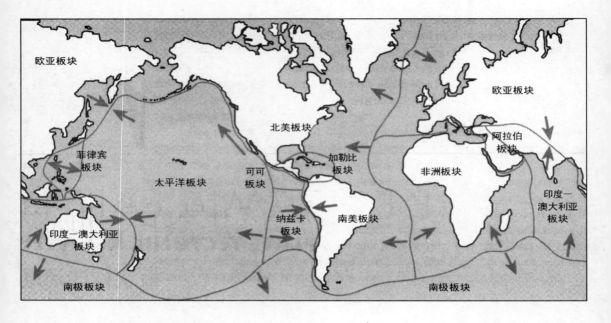

图1

地壳由几个对地球上的地质活动起主要影响作用的岩石圈板块构成

新的地质学

地壳被分成七个主要的大板块和六个次一级的小板块（图1），（也有人把全球划分为六大板块，如最初在1968年给出板块划分的勒皮雄，这种划分，北美板块和南美板块合为一个美洲板块。译者注）这些板块都处于不断地运动之中。板块浮在地幔外层的一个热而软的软流圈上。板块间的相互作用塑造了地球表面的地形地貌。漂浮的板块的面积从几百到上千万平方英里不等，平均厚度为60英里（约97千米）（1英里≈1.6千米，1平方英里≈2.59平方千米）。这种构造十分重要，而且正是因为有了这种独特的地球圈层结构，板块构造活动才得以发生，从而产生地球上的各种地质活动。

岩石圈的板块在会合处有两种不同的边界：一种是离散型板块边界，两个不同的板块在这里相互背离对方；另一类是汇聚型板块边界，两个不同的板块在这里相互碰撞（板块边界还有一种类型即转换断层，译者注）。狭窄的洋中脊和海沟清晰地显示出地壳板块的边缘。但是，大洋板块的边界更宽，宽度能达到几千英里。当两个板块朝向对方运动的时候，地壳就会产生挤压变形。当两个板块背离对方运动的时候，地壳伸展并变薄。不同的板块可以形象地比喻成拼凑得疏松的、相互之间有大裂缝的七巧板。

　　离散型板块边界在深海底部形成了长长的火山链。在那里，从地幔喷发出来的玄武岩形成新的洋壳，这个过程称为海底扩张。每年，超过4.3立方英里（约179.2亿立方米）的新洋壳通过海底扩张形成。大洋中脊在全球范围内蜿蜒，就像棒球上的缝合线一样，它的延伸长度达40,000英里（约64,374千米），从而形成了地球上最长的连续的地质构造（图2）。一些熔融的岩浆以熔岩的形式从洋中脊喷发出来，冷却固化并拼贴在离散型板块边界的边缘。大量熔融的岩浆周期性地从洋中脊喷发出来，每年形成几平方英里的新洋壳。

　　在汇聚型板块边界，即俯冲带，洋壳和下面的岩石圈下沉到地幔中去，形成洋底的深海海沟。当两个板块碰撞时，由于密度较大，受到较小浮力的洋壳俯冲到大陆地壳或年轻的洋壳之下。俯冲带的位置以世界上的深海沟为标志。

　　当老的洋壳俯冲到地幔中时，它将被熔化，并通过一个连续的地壳增生的模式，形成新的玄武岩。通过这种方式产生的岩浆最终会喷出地表。在俯冲带的临近会发生强烈的岩浆喷发作用，形成一个火山链，即岛弧。如果把俯冲带首尾连接，它们能整整绕地球一圈。在太平洋的西部和北部边界，洋壳俯冲到地幔的速率通常为每年4英寸（约10厘米）。但是，在南太平洋斐济岛的正东部的汤加海沟，大样板块正在以超过9英寸（约22.9厘米）／年的速率拖动着澳大利亚向一个深达35,000英尺（约10,668米）的深海沟中俯冲。

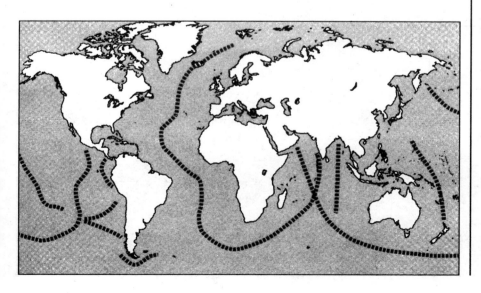

图2
大洋中脊。地壳板块在这里分离，形成世界上范围最大的火山链以及强烈的火山活动的中心

从附近的大陆和岛弧上剥蚀下来的沉积物在大洋地壳上沉积下来，俯冲的洋壳就携带着这些沉积物向海沟中俯冲，所以在海沟处堆积了大量的沉积物。当板块向地球内部俯冲的时候，大部分的这些富含水的沉积物随着板块俯冲下去。这些水的总量远多于俯冲带的火山喷发带出来的水分。热和压力会使俯冲的板块中的岩石脱水。然而，这些流体所有的流向还是一个谜。从俯冲板块中释放出来的一部分流体和上覆地幔中的岩石发生反应，使岩石部分熔融，形成低密度的矿物，缓慢地上升到地表海底。在地表喷出蛇纹岩形成泥火山，蛇纹岩由石棉类矿物组成，是在俯冲带上部由地幔中的橄榄石和水相互作用而成。

在洋中脊岩浆喷发形成的大洋地壳在俯冲带被消减，这是地球表面岩石圈板块得以运动的原因（图3）。世界上主要的俯冲带大都环绕在太平洋周边。板块俯冲给太平洋边缘带来了强烈的地震活动，形成著名的环太平洋地震带（类似环太平洋火山带，因其大面积的火山活动而闻名）。当大洋板块插入到地幔中时，它将被重新熔化，为俯冲带上部的火山提供新的岩浆。这些岩浆活动在太平洋中形成狭长的岛链，在大陆上则形成火山。

像船只冻结在北极的浮冰里那样，岩石圈板块携带着环绕地球表面的大陆地壳。地壳主要由花岗质和变质的岩石组成，大陆主要由变质岩构成。由于大陆地壳包含一些较轻的物质，有较大的浮力，所以漂浮在地球的表面。不过，在过去的40亿年里，板块构造使相当大数量的大陆地壳以俯冲的形式被带到地幔中并进行物质循环。同时，在这段时间里，大约有20个相当于现代海洋面积的洋壳也消失在地幔中去了。

图3
洋中脊和俯冲带是地球表面岩石圈板块得以运动的原因

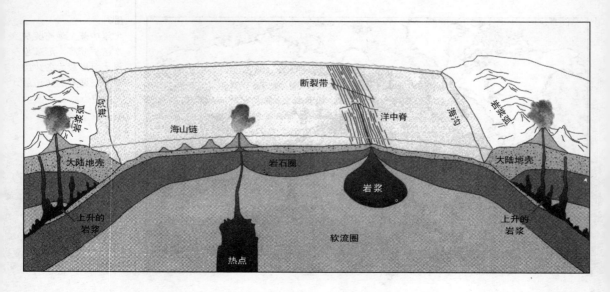

　　板块碰撞在大陆上形成高大的山脉，在洋底形成火山岛。当大洋板块俯冲到大陆板块下面时，就会形成蜿蜒的山链（如南美的安第斯山）和火山山脉（如美国西北太平洋的喀斯喀特山。圣海伦斯火山就处于这个山系当中，这是在北美大陆爆发的最大的火山喷发之一（图4）。板块的分裂产生新的大陆和海洋，板块的碰撞拼接产生超大陆。在地球存在的大部分的时间里，大陆板块都处于不断的张裂和拼合当中。

　　距今最近的大陆裂解和漂移发生在距今1.8亿年前（图5）。那时一个超大陆——泛大陆（希腊语中意思是所有的陆地）沿着现在的大西洋中脊张裂。上升的岩浆沿着大西洋中部形成海底火山山脉，交织在环绕于大西洋海盆的陆地中间。扩张的洋中脊形成新的洋壳，大西洋中脊是全球扩张的洋中脊的一部分。来自地幔深处的熔融岩浆在板块边界形成新的玄武岩，形成新的岩石圈。

图4
华盛顿州的圣海伦斯火山在1980年5月18日喷发（美国能源部友情提供）

图5
分解的大陆。约1.8亿年前，一个超大陆——泛大陆分解，漂移形成了今天的大陆

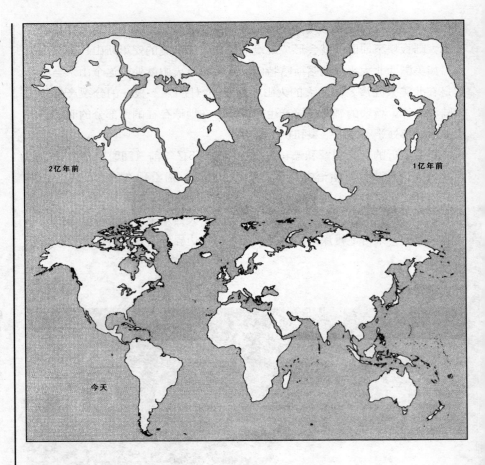

　　大西洋海盆的两个岩石圈板块以每年1英寸或略大于1英寸（约2.5厘米）的速度彼此分离。大西洋海盆变宽，使周围的大陆分开，从而压缩太平洋海盆。太平洋海盆被俯冲带包围，古老的岩石圈在俯冲带处消减，使得太平洋板块和它邻近的板块不断减小。太平洋板块近7，500英里（约12，070千米）宽，是世界上最大的岩石圈板块，1.9亿年前它还是一个比美国国土面积大不了多少的小板块，扩张的大洋中脊不断产生新的岩石圈，使太平洋逐渐发展成今天的规模。

　　洋壳是由大洋中脊扩张产生的玄武岩和从邻近大陆上剥蚀下来的沉积物组成，沉积物的厚度在3～5英里（约4.8～8千米）。随着新洋壳的形成，老的洋壳逐渐远离洋中脊并冷却，岩石圈随着它的年龄增长而变厚。经过约6，000万年后，它能达到60英里（约96千米）厚，与此同时，密度也在增加，使它最终俯冲到地幔中去。

在向地球内部俯冲的过程中，岩石圈及其上的沉积层会发生熔融。熔融的岩浆呈巨大的气泡状构造向地表上涌，这一过程称为"岩浆底辟"，来源于希腊文的diapeirein，意思是"挤入"。当岩浆达到地壳的底部，它使周围的岩石熔融在火山下部形成岩浆房，并形成花岗岩质的侵入体。通过这种方式，板块构造活动持续不断地改造和重塑着地球的外貌景观。

活动的地壳

地壳的厚度小于地球半径的1％，质量约为地球的0.5％。它由古老的陆壳和相对较年轻的洋壳构成。大陆地壳70％的部分在太古宙形成，它主要的生长期在距今30亿年至25亿年之间。大陆地壳像一个蛋糕层，沉积岩位于这个层的顶部，花岗岩和变质岩处在中间，而玄武岩在底部发育。这种构造也像一个果冻三明治，柔软的中间层位于结实的上地壳和坚硬的岩石圈中间，岩石圈也是地幔的刚硬的顶层。板块构造使火山蜿蜒于海底并相互连接，而大陆岩石就起源于这些火山喷发。

在地球表面所有其他岩石的下面是一层厚的基底杂岩，它由古老的花岗岩和变质岩组成。花岗岩和变质岩伴随着地球生命的90％的历史时期，它们组成了大陆地壳的核心部分。这些岩石最初形成于壳幔分离和岩浆去气的过程中，大气圈和海洋与地壳同时产生。关于这些岩石的一个明显的特征是，尽管年龄老，但它们同更新近的岩石相似。这意味着地质活动在地质历史上很早就发生，并且拥有相当长而活跃的生命力。

如果把大陆边界和浅小的海洋区域也包括在内，大陆地壳约占地球表面面积的45％。它的厚度变化于6～45英里（约9.6～72千米）之间，且距离海底约2.7英里（约4.3千米）（或者说离海平面4,000英尺（约1,219米）高）。大陆地壳最薄的部分在大陆的边缘，位于海平面以下。大陆地壳最厚的部分在高耸的山脉的下面。山脉的底座为深层地壳，被称为山根。例如，世界上最高的山脉，最高峰超过4英里（约6.4千米），下面对应有40～50英里（约64～80千米）厚的山根。在大陆地壳的下面，下地壳由相对冷的物质组成，陆壳、下地壳与上地幔加起来总共有250英里（约402千米）厚。

在地球表面下面，深部的基岩组成地壳的核心部分，大陆在它的四周生长。基岩发育在宽广的呈穹隆状的地盾中（图6），地盾中一般包含着世界上最古老的岩石。它们是广泛上隆的区域，表面基本上没有新近的沉积物，

图6
大陆内部的前寒武纪
地盾

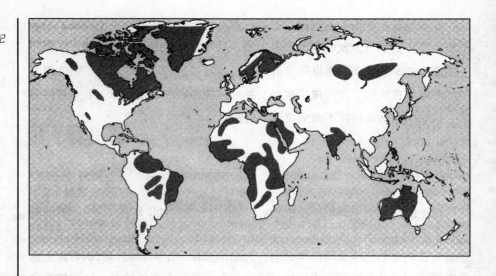

只有薄薄的土层。环绕在这些地盾周围的是大陆地台，它们由古老的基岩发生宽而浅的凹陷而成，表面被平坦的沉积层所覆盖。

在世界上的大约12个大地盾中，最著名的是北美的加拿大地盾和欧洲的芬诺斯坎底亚地盾。加拿大地盾从马尼托巴到安大略湖均有出露，这归功于地幔柱引起的地壳上隆及其表面沉积物的剥蚀。加拿大地盾的花岗岩年龄达25亿年之久，它们是北美最著名的古老岩石。最古老的岩石之一是位于加拿大西北部的阿卡斯特片麻岩，它于40亿年前在深部与地壳同时形成，现出露于地表。这些区域裸露在移动的冰川中，更新世的冰川将其表面的沉积物全部剥蚀带走。澳大利亚超过1/3的领土被前寒武纪的地盾所覆盖，比较大的地盾还存在于非洲的内部、南美洲和亚洲。

地盾里，零零星星散布着绿岩带。绿岩带由发生变质作用的熔岩流和由板块碰撞时形成的火山岛弧上剥落下来的沉积物组成。事实上，目前地球上大部分的大陆岩石，都是由几十亿年前就由火山岛弧的水平增长作用产生的。大陆岩石的古老的中心，主要由太古代的岛弧组成。绿岩在现在找不到它的对应物，因此，它们形成的地质条件已迥异于现今可以观测到的地质条件。

绿岩带遍布数百平方英里，它们被广泛发育的片麻岩带所包围。片麻岩是花岗岩的变质产物，是太古代的主要岩石类型，形成于在距今40至25亿年前。它的颜色来源于绿泥石，一种绿色的、像云母一样的矿物。最著名的绿岩带是在非洲东南部巴伯顿山地的斯威士兰岩石序列，约12英里（约19千米）厚，年龄超过30亿年。

　　地质学家对绿岩带特别感兴趣是因为世界上大部分的金矿都产出在绿岩带中。印度的科拉尔绿岩带蕴含着世界上最丰富的金矿。这个绿岩带宽约3英里（约4.8千米），长50英里（约80千米），形成于25亿年前的板块碰撞中。在非洲，最好的金矿存在于年龄约34亿年左右的岩石中，南非大部分的金矿也都发育于绿岩带中。在北美，最大的金矿在加拿大西北部的大奴省，在那里发现了超过1，000处的金矿。大奴省是北美一个非常古老的区域，它形成于距今40到25亿年间。

　　蛇绿岩散布在绿岩带的各个部分。蛇绿岩在希腊文中写作ophis，意思是"蛇"。它们是在36亿年前在板块俯冲碰撞过程中残留在大陆上的洋壳碎片。枕状熔岩也在绿岩带中产出（图7），它们是喷发在海底的枕状玄武岩。这些物质的产出是板块在前寒武纪早期发生构造活动的最好证据之一。因此，大陆在形成之初就开始了运动。许多蛇绿岩也含有丰富的矿物质，在世界上也形成了一些重要的矿产资源。例如，意大利北部的亚平宁山脉、俄罗斯的乌拉尔山和南美的安第斯山。

　　蓝片岩（图8）也同样被推覆到大陆地表，是早期板块活动的另外一个证据。蓝片岩是变质岩，是由洋壳在俯冲带处斜插到地幔中并在高压环境下发生变质作用形成的。大陆碰撞使得绿色的火山岩与浅色的花岗岩和片麻岩

图7
在阿曼苏丹国塞黑莱北部的集子旱谷南面出露的枕状熔岩（图片由美国地质调查局的E.H.Bailey友情提供）

9

一起发生线性变形。普通的火成岩和变质岩构成了大陆岩石的主要部分。

地盾及其周围的地台共同构成了稳定的克拉通。它们位于大陆的内部，是最早出现的大陆部分。克拉通由古老的火山岩和变质岩组成，它的成分和现在的同类岩石非常一致。克拉通在地球早期历史上的存在表明，在这个时期一个完整的岩石循环演化过程已经开始了。

克拉通是地壳块体和地体结合形成的拼贴体。他们常常以断层相接触并与周围的地质环境有着显著的不同。两个或两个以上的地体的边界称为缝合带，它由在板块漂移过程中古老的洋壳与陆壳相互挤压形成。大多数地体的成分和火山岛屿或洋底高原的成分类似。另外有些地体的成分由固结的在洋盆中沉积的砾石、沙子和淤泥组成，它们都是在碰撞过程中残留的地壳碎片。

在碰撞以及拼接成一个大陆的过程中地体常常变形成一个被拉伸的块体。中国的地体大都被拉伸并呈东西向展布，因为在4，500万年前，印度作为一个独立的大地体与亚洲大陆碰撞以后，就一直在挤压着南亚洲大陆。地壳隆升形成了喜马拉雅山和广袤的青藏高原——世界上最大的高原。在这个过程中，亚洲大陆被挤压以适应印度大陆持续不断地向北运动。

在数千万年的时间里，印度板块骑在下面的板块上，与分割非洲板块和欧亚板块的位于赤道处的特提斯海一块，不断地向北移动，移动的速率约为每年4英寸（约1.2米）。当特提斯海底的洋壳与亚洲相遇的时候，它斜插到大陆的下面，俯冲进入地幔，发生熔融并形成火山喷发做准备的岩浆。就像推土机那样，亚洲大陆边缘堆满了从俯冲洋壳上刮落下来的海底沉积物。距今3，500万年前，印度板块与欧亚大陆发生碰撞挤压这些沉积物并以褶皱和断层的形式隆起形成喜马拉雅山。这个过程使得巨大的岩石块堆到另一块上面。断层的形成，和现在一样，在当时也产生了大地震。

麻粒岩地体属于高温的变质带，它形成于大陆裂谷的深部。麻粒岩也组成了大陆碰撞形成的造山带的山根，比如阿尔卑斯山和喜马拉雅山。喜马拉雅山的北部是一个蛇绿岩带，它是缝合的大陆的边界的标志。地体的界限常以蛇绿岩带的存在为标志，蛇绿岩带从上至下由海相沉积物、枕状玄武岩、席状岩墙群、辉长岩和橄榄岩组成。

地体的形状各异，并且尺度也不尽相同，最小可以是地壳的小碎块，最大可以是和印度那么大的次一级的板块。它们的年龄在10亿年到不足2亿年之间不等。地体的年龄可以通过研究岩石中的放射虫化石来确定（图9）。放射虫是有着硅质骨架的原生动物，繁衍生息在距今5亿年到1亿6，000万年之间。放射虫的不同种类同样也暗示了产生地体的特定的大洋区域。

大多数的地体及其内部的地块直接以断层相接，相邻的地体或大陆块体之间年龄都各不相同。在最终和大陆边缘碰撞之前，它们大都运动了很长的一段距离。一些北美的地体来源于西太平洋并且横向移动了数千千米。一些大的陆块也从墨西哥运动到加拿大和阿拉斯加。例如，约7，000万年前，太平洋北部的温哥华岛位于在现今的加利福尼亚的巴哈地带。世界上最大的板块——欧亚板块，以同样的方式汇聚了从南方来的地壳区块。

共生的地体在形成汇聚大陆边缘造山带的过程中起了至关重要的作用，这些山脉是岩石圈板块碰撞的标志。环太平洋边缘的地质活动是所有朝向太平洋的山脉及其周边岛弧形成的原因。在北美西部的山脉地区，由于北西走向的网状断层对地壳的切割作用，地体都呈一些被拉长的块体。在这些断层中，最活跃的要数加利福尼亚的圣安德烈斯断层，它在过去的2，500万年里移动了约200英里（约322千米）的距离（图10）。

分离加利福尼亚的巴哈半岛和墨西哥大陆的加利福尼亚湾是圣安德烈斯断层体系的延续。两个陆地被分割开来并形成了地球上最年轻和最富饶的海洋。它在距今约600万年前开始张裂，为科罗拉多河提供了一个新的入海口。接着，科罗拉多河河水冲刷河谷，凿出1英里深的大峡谷。

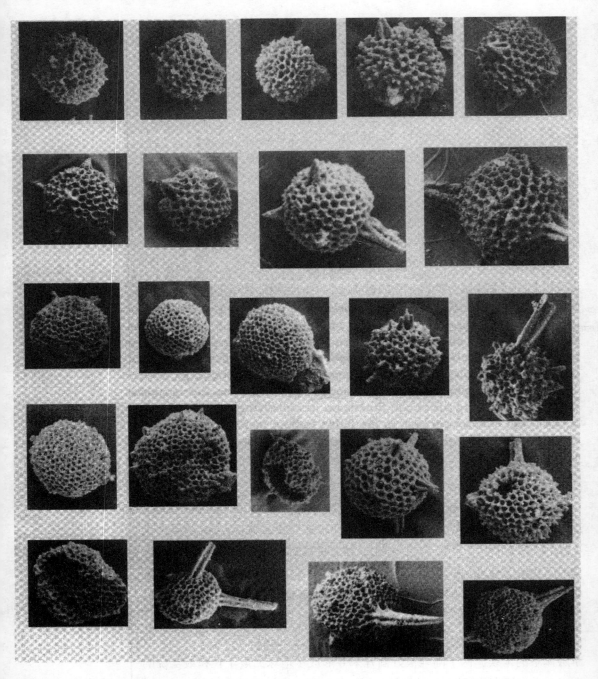

图9
从阿拉斯加尤康地区老鹰区的堪迪克盆地福特湖里的燧石中分离出来的晚泥盆世的放射虫化石（图片由美国地质调查局的 *D.L.Jones* 友情提供）

图10
在卡利索平原处，当西部的地块向北运动时，横跨圣安德烈斯断层的河流被横向错断了0.25英里（约0.4千米）（图片由美国地质调查局的R.E.Wallace友情提供）

地幔对流

发生在地球表面的所有地质活动是地球内部巨大能量的外在表现。尽管地幔由固态的岩石组成，强大的能量还是使得它缓慢地移动。地幔中的热循环是板块构造活动的主要驱动力。地幔对流和地幔柱（熔化的岩浆柱）把热量从地核传送到岩石圈的下部。这个过程是洋底和大陆上的火山活动的原因。大部分的地幔柱形成于地幔中部。但是，也有一些地幔起源于核幔边界，就像从地球深处上升的大气泡一样。

对流是由于顶部与底部之间的温度差而在流体介质中发生的一种运动。在这个过程中，地幔中熔融的岩石从地核获得热量，上升并把热量带到岩石圈，在那里冷却并下沉到地核中而重新获得热量。岩石圈板块在扩散的洋中

13

图11
在夏威夷基拉韦厄火
山的一次喷发中，熔
融的岩浆涌入大海
（图片由美国国家
公园管理局的R.T.
Haugen提供）

脊处产生，在俯冲带处消减，这些运动都是地幔对流的产物。

　　地幔中岩石熔融形成岩浆并上升到地面均是由地球内部的热交换引起
的。地球从地幔透过地壳（或岩石圈）持续不断地向地表释放着能量。其
中，约70%的能量的损失用于海底扩张，剩下的能量大部分都在俯冲带附近
的火山喷发过程中损失掉了。然而，宏伟的火山喷发只是局部的、可观察到
的地球能量的释放（图11）。

　　除了地下70～150英里（约113～241千米）处的薄层是部分熔融的岩石
外，地幔一般都冷却成半固态或塑性状态，这个薄层称为软流圈。软流圈在
物理上表现为流体的形式并且通过对流的方式流动。从地幔上升到软流圈的
热量产生向上的对流，在到达岩石圈的底部时发生横向的移动。能量传给岩
石圈之后，地幔环流冷却、下沉并返回地幔。

　　地球上的大部分的热能都是由放射性的同位素产生的，主要是钾
（K）、铀（U）和钍（Th），英文简写为KUT。在地球内部，随着深度的增
加，温度升高很快。在距地表约70英里（约112千米）处，上地幔的物质开
始熔化，那里的温度约为1，200℃。这里是上地幔的一个半熔融区，即软流
圈。岩石圈板块或大陆漂浮在密度大的、部分熔融的软流圈之上，大部分的

体积（重量）在地表以下，就像漂浮在海上的冰川一样。

当大陆由于岩浆喷发、花岗质侵入体的侵入和沉积物沉淀而重量不断加大，它们在软流圈中越陷越深。软流圈不断的亏损物质，而这部分物质都拼贴在岩石圈板块的下面。如果软流圈不能持续地从地幔柱获取新物质，板块运动将会停止。地球从各方面而言，都将变成一个死寂的星球。幸运的是，这样的事件在未来的几十亿年里都不会发生。

上地幔的温度在300英里（约483千米）处逐渐地升高到2，000℃，然后温度急剧地增加到地核的温度，达到5，000℃。下地幔从地表之下400英里（约644千米）开始，它由自地球诞生以来就很少改变的初始的岩石组成。与之相反，上地幔丢失了它的相对轻的物质和挥发性组分，这些物质被释放到地壳、海洋和大气中。

地幔中大部分的热量来自于地球内部的放射能。剩下的部分由地核提供，地核储存了46亿年前地球形成初期的相当一部分能量。地幔和地核的温度差大约为1，000℃。地幔中的物质可与液态的外核混合，在它们的表面形成新的隔热层，阻止热量从地核到地幔流动并影响地幔对流。

地球的表面的形态因岩石圈下面的地幔的扰动而不断地改变（图12）。

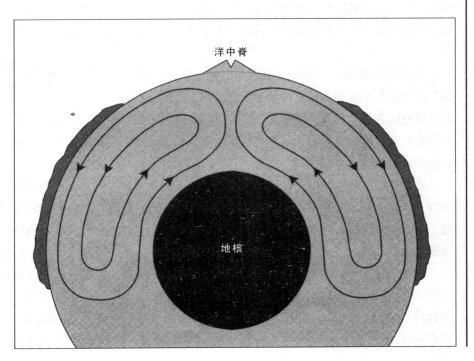

图12
地幔对流使得板块在地球上运动

洋中脊

地核

15

地幔对流的运动速度很慢，完成一个对流循环可能需要几亿年之久。没有地幔对流，侵蚀作用将会在一亿年（地球年龄的2%）中将所有的高山夷为平地。地球的表面将没有山川和峡谷，变成广袤的、无起伏的平原。这将使得地球像月球一样，没有地质活动，也没有生命。

地幔对流就像传送带下面的滚轴一样，推动岩石圈板块向前运动。热的物质从地幔中上升并在近地表水平循环。最上面的层变冷，形成固态的岩石圈板块，承载着环绕地球表面的地壳。板块通过俯冲的方式进入地球的内部，完成地幔对流。通过这种方式，它们（指板块）成为地幔对流的简单的外面表征形式。如果岩石圈中出现破裂带或薄弱带，地幔对流物质就从这种小裂隙中涌出，并使其变宽形成裂谷系统。这就是地球内部能量向地表释放的主要通道，岩浆从裂谷带中喷出形成新的洋壳。

海底扩张

只要岩浆不停地涌向地球的表面，海底扩张就是地球上一个永远无法医好的伤口。海底扩张在洋底扩张的洋中脊处产生新的岩石圈，同时它也产生了地球上超过一半的地壳。海底扩张来自于地幔对流带上来的热的岩浆。当到达岩石圈底部的时候，地幔的岩石向两侧扩散、冷却并下沉进入地球的内部。地幔对流对岩石圈底部带来的持续不断的压力使岩石圈板块发生断裂和弱化。

当对流在裂隙的两侧向外流动的时候，它们拖着岩石圈板块向两侧运动，使得张裂的裂隙变大。裂隙使下部的压力降低，使得地幔的岩石发生熔融并且在破裂带处上升。熔融的岩浆经过岩石圈并形成岩浆房，从而为产生新的岩石圈提供岩浆来源。岩浆房提供的岩浆越多，在它上面的扩张的洋脊被抬升得越高。

岩浆从洋中脊喷出，并在扩张的洋脊增生新的玄武岩洋壳，形成新的岩石圈。大陆被动地骑在由洋中脊产生的岩石圈板块上移动并在俯冲带处消减。所以说，促使裂谷产生和发展，以及后来的大陆裂解海洋形成在最终的驱动力来自地幔。

扩张的洋中脊刚开始产生的新的岩石圈很薄，然后在岩浆的底侵作用以及上覆沉积物的积累中慢慢变厚。当新的岩石圈从洋中脊产生并向两边运动时，它冷却变厚，密度也变得更大。在大陆边缘，海洋最深的地方，岩石圈的部分能达到60英里（约96千米）厚。最终，岩石圈变得如此之厚，以至于它不能停留在地球的表面，而只好沉入地幔中去，在俯冲带处形成很深的海沟。

在扩张的洋脊下面的地幔的岩石主要由橄榄岩组成，橄榄岩是一种含铁、镁的硅酸盐。当穿越岩石圈时橄榄岩发生熔融，它的一部分变成呈高度液态的玄武岩，玄武岩是喷发到地面上的最常见的岩浆岩。每年地壳大概增加约5立方英里（约208.4亿立方米）的新的玄武岩，这些玄武岩大部分在大洋中脊处产生，另外剩下的部分产生在大陆上，促使大陆持续生长。

扩张的洋中脊是地球上强烈的地震和火山活动的中心。当巨大的热量从地球的内部流出时，这个地质活动就自然而然地发生了。从洋中脊顶部流出的岩浆越多，洋底就扩张得越快。太平洋的洋中脊比大西洋的洋中脊更活跃，因此平静期也更少。快速扩张的洋中脊高度相对于扩张速度慢的洋中脊更低，因为快速喷发的岩浆不能像缓慢喷发的岩浆（如在大西洋中脊）那样堆积起那么高的高度。获得像在大西洋那样堆积成很高的沉积堆的机会更少。

扩张的洋脊并不是一条连续的线。相反，它被分成小的、平直的小块，叫做扩张中心（图13）。扩张中心产生的新的岩石圈的运动产生新的破裂带。他们形成宽约为40英里（约64千米）的长而窄的狭长的线性区域，由不规则的洋脊和排列成梯状的洋谷组成。当海底扩张时，相邻的岩石圈板块相互错动时，将产生转换断层，断层的长度可从几英里到几百英里不等。在大

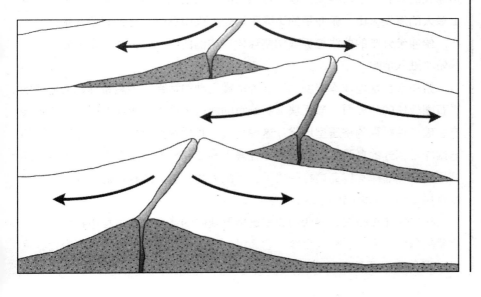

图13
被转换断层切断的洋底的扩张中心

西洋的中部，转换断层的长度在20～60英里（约32～96千米）之间。转换断层由横向应力产生，横向应力是运动的岩石圈板块在一个球体表面运动的表现形式。在大西洋，洋脊扩张系统比太平洋或印度洋里的更陡峭，也更参差不齐，这种由横向应力产生的转换断层也更加明显。

太平洋海隆是太平洋的扩张洋脊系统，是大西洋中脊在太平洋中的对应部分，全长达6，000英里（约9，656千米），东太平洋海隆的转换断层比大西洋中脊的转换断层更加活跃。沿着东太平洋海隆分布着许多宽度较窄的转换断层，它们是太平洋板块与可可板块的边界，另外，东太平洋海隆海底扩张的速率比大西洋中脊的快5到10倍。

东太平洋海隆含有奇异的叫做"黑烟囱"的构造，从中喷涌出含大量硫化物的黑色的热液。热液在地表下面的深处形成。那里海水向下渗透到大洋地壳的裂缝中，和扩张点下面的岩浆房相连。通过热液通道，热液向上排到地面。沿着这些通道居住着世界上其他地方找不到的生物，有管蠕虫、大螃蟹、脚有一英尺长的大蛤、群居的蚌类以及类似的生物。

俯冲带

大西洋的海底扩张都被太平洋的洋底收缩所吸收了。环绕太平洋海盆的是深深的海沟（图14），在那里老的岩石圈俯冲进入地幔。俯冲带距离大陆边缘和岛弧有一小段距离，是全球强烈的火山活动区域，在那里产生了地球上最大的爆发火山。俯冲带的边缘不远处为火山岛弧，它们和俯冲带平行分布。俯冲带分布的曲线与板块切割球体形成的曲线一致，如坚硬的岩石圈板块俯冲进入地幔。

俯冲带也是地球深部发生持续的地震活动的地带。地震带标志着俯冲的岩石圈板块的分界面。当板块沿着倾斜的断层平面相互挤压的时候，它们会产生破坏性极强的挤压型地震。这些地震，长期困扰着日本、菲律宾及其他与俯冲带相连的岛弧区域的人们。在澳大利亚和欧亚大陆之间，分布着像印度尼西亚和菲律宾群岛这样的成千上万的岛屿，当大的板块汇聚时，它们最终将拼接到亚洲大陆的边缘。

板块俯冲在板块构造活动和塑造地形地貌的诸多地质过程中扮演着极其重要的角色。当一个板块变冷，它通过一个底侵的过程使板块变厚变密。底侵过程是一个软流圈的岩浆粘贴到板块的下面的过程。当板块变厚和变密

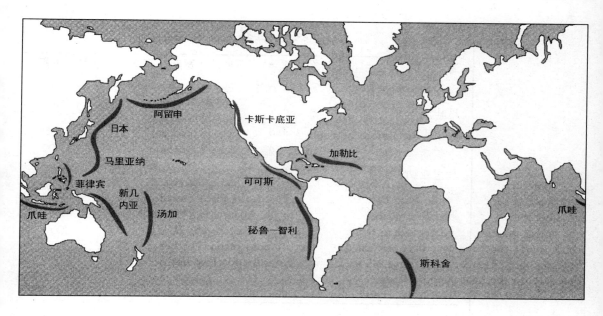

时，它的浮力变小，在俯冲带处沉入地幔。当板块向下俯冲时，它像火车头带动货运列车一样，拖动着板块的剩余部分向下一起俯冲。因此，板块俯冲是板块构造里面的最主要的动力。在推动大陆在地球表面运动的驱动力上，俯冲带处的拖曳力比洋中脊的推力起着更加有效的作用。

在太平洋的板块俯冲过程中形成了一些世界上最深的海沟（表1）。当岩石圈板块从它自洋中脊产生的位置延伸开来后，由于更多地从软流圈来的物质粘到它的下面，它变冷变厚。最后，板块变得非常之厚，以至于失去原来的浮力，陷到地幔深处。离开洋中脊的岩石圈板块下陷的深度与板块的年龄有关。岩石圈越老，它底侵了更多的玄武岩，板块下陷的深度也越大。200万年的古老地壳的下陷深度大约是2英里（约3.2千米）；2,000万年的古老地壳的下陷深度大约是2.5英里（约4千米）；5,000万年古老地壳的下陷深度大约是3英里（约4.8千米）。

当岩石圈板块俯冲入地幔中去，沿着俯冲带形成新的海沟，并堆积了大量的从邻近大陆和岛弧上剥蚀下来的沉积物。大陆架和大陆坡包含有邻近的大陆上被冲积下来的巨厚的沉积物。当沉积物和它们包含的海水被俯冲的洋壳带入到俯冲带中并夹持在俯冲洋壳和上覆的大陆板块之间，经受强烈的变形、剪切、加热和变质作用（未达到熔融程度的重结晶）时。沉积物被带到地幔深部，在那里它们发生熔融并为俯冲带附近的火山提供新的岩浆源。

图14

俯冲带——地壳板块斜插进入地球内部的地方，以深海海沟为标志

19

表1 世界上的海沟

海沟名字	深度（1英里≈1.6千米）	宽度（英里）	长度（英里）
秘鲁－智利海沟	5.0	62	3，700
爪哇海沟	4.7	50	2，800
阿留申海沟	4.8	31	2，300
中美海沟	4.2	25	1，700
马里亚纳海沟	6.8	43	1，600
千岛－堪察加海沟	6.5	74	1，400
波多黎各海沟	5.2	74	960
南三维治海沟	5.2	56	900
菲律宾海沟	6.5	37	870
汤加海沟	6.7	34	870
日本海沟	5.2	62	500

　　当岩浆达到地表时，它喷发在洋底形成新的火山岛屿。但是，大部分的火山并没增长到海平面上面，而成为海底下孤立的火山，叫做海山。太平洋海盆的火山活动比大西洋或印度洋海盆更为活跃，故也有更多的海山分布。随着地壳年龄和厚度的增加，海底火山的数目也在增加。最高的海山位于菲律宾海沟附近的西太平洋，高出海底2.5英里（约4千米），那里的海洋地壳年龄超过了1亿年。在太平洋，每5，000平方英里（约12，950平方千米）的海底，就平均分布有10个海山，这比在大陆上的火山的数量要多一些。

　　俯冲带的火山喷发都比较强烈（图15），因为它的岩浆中含有大量的挥发组分和气体，这些物质在到达地表时会发生猛烈的喷发。这种方式喷发的火山岩称为安山岩。它以构成美洲南部脊梁的安第斯山命名，是喷发式火山中比较常见的岩石类型。

　　俯冲带的向海的边界以深海沟为标志。它们位于大陆的边缘或者沿着火山岛弧分布。俯冲带是冷的和密度大的岩石圈板块沉入地幔的地方，这里的热流值低，重力场大。与之相反的是，由于火山作用，相对应的岛弧是热流值高、重力场小的地方。

　　在岛弧的后面是边缘海或者弧后盆地，它们是洋底在板块俯冲作用下产生的凹陷。由于深位岩浆的上涌，弧后盆地和岛弧一样都是高热流值的区

图15
1952年9月23日日本伊豆岛的明神岳−郑硕火山在海底爆发（图片由美国地质调查局提供）

域。深的俯冲带，如在西太平洋的马里亚纳海沟，常形成弧后盆地。马里亚纳海沟深度将近7英里，是世界上最深的海沟，它从关岛出发，向北延伸。浅的俯冲带，如南美西海岸外的智利海沟，没有形成弧后盆地。位于中国与日本列岛（断裂的大陆碎片的集合体）之间的日本海是一个弧后盆地，由于岩石圈板块的相互作用，在这些岛屿受到挤压向亚洲大陆靠近的时候，这个盆地将会被挤干。

板块相互作用

大陆地壳被断层错段，暴露于地表时常常呈现出长条状的线性构造。大陆地壳和下覆的岩石圈的厚度通常在50～100英里（约80～160千米）之间。因此，依靠破裂产生一个新大陆看起来将是大尺度的地质事件。在大陆分裂成小板块的过程中（图16），厚的岩石圈必须经历一个慢慢变薄的过程。从大陆裂谷到海洋裂谷的转变伴随着块状断层的产生。巨大的大陆地壳的块体沿着伸展断层张开，伸展断层是地壳分开的地方。上升的地幔对流在岩石圈底部向两侧扩散，拖动着减薄的地壳被拉张形成一个深深的裂谷。当断裂穿透大陆的时候，这一地区就会爆发大的地震。

图16
裂谷和分裂的过程

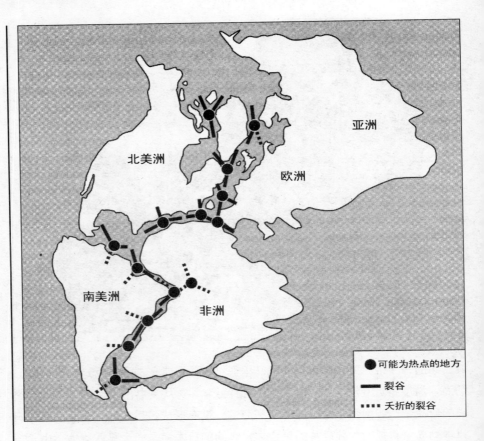

图例：
- ● 可能为热点的地方
- —— 裂谷
- ····· 夭折的裂谷

　　由于从地幔上升的大量的岩浆接近地表的时候，火山活动也变得活跃起来。由于裂谷下面的地壳的厚度只是原来厚度的一小部分，岩浆很容易就喷发出来。当地壳持续变薄，岩浆接近地表，引起广泛的火山活动。许多裂谷早期火山活动显著增加，产生大量的熔岩，原来的景观均被熔岩掩盖。例如，在2亿年前，在泛大陆分裂成现代大陆的过程中，玄武熔岩流遍布在大西洋周围约270万平方英里（约699万平方千米）的四个大陆上，即差不多整个澳大利亚大陆那么大的面积。

　　当裂谷进一步张裂，海水注入，它最终形成一个新的海洋。当裂谷持续变宽和变深，在这两个分裂的大陆地壳之间，热的地幔物质上涌喷出裂谷并形成新的洋壳，它就演化成一个洋中脊的扩张系统。

　　当大陆板块和大洋板块汇聚的时候，重的大洋板块斜插在轻的大陆板块下面，使得大洋板块进一步向下运动。两个板块的沉积层，像手风琴那样被挤压，使得大陆板块的边缘膨胀隆升，从而形成新的褶皱造山带。在地表或接近地表的地方，岩石比较脆，沉积层在那里被错段形成断层；而在较深处，岩石韧性较好，形成褶皱。

在大陆地壳的最深处，温度和压力都很高，岩石部分熔融并发生变质作用。当下降的板块进一步俯冲到大陆的底部，它将到达温度非常高的深度。板块的上部熔融，形成富含硅的岩浆，由于它有较大的浮力，它朝着地表向上运动。岩浆侵入到上覆的大陆地壳的变质层和沉积层中，在那里或者形成大的花岗岩体，或者喷发到地表。

岩浆喷出地表形成火山构造，包括山脉和广阔的高原。当川德佛卡板块沿着喀斯喀特俯冲带，俯冲到美国西北部下面的时候，喀斯喀特山脉的火山便形成了。由于板块在插入地幔的过程中发生熔融，它为火山下面的岩浆房持续不断地提供着熔融的岩浆。就像饱受地震困扰的智利和日本那样，俯冲的板块同样有产生大地震的可能。

当两个板块发生碰撞的时候，俯冲的洋壳的表层物质被刮擦下来并堆积在增生的大陆地壳的边缘，形成一个沉积物堆，叫做增生楔（图17）。地壳物质在下沉的地壳上逆冲推覆，产生一系列的逆冲推覆构造。浮力的增加使得山脉抬升，如由印度板块和欧亚板块的碰撞形成的喜马拉雅山。结果，从4，500万年前碰撞开始，欧亚板块被压缩了约1，000英里（约1，600千米）。持续的挤压和变形使得在离碰撞带很远的内陆，也形成高达3英里（约4.8千米）的青藏高原，并伴生了大量的火山活动。这个造就世界上最高的山脉的挤压力在板块边缘造成了巨大的变形并伴随着强烈地震的发生。

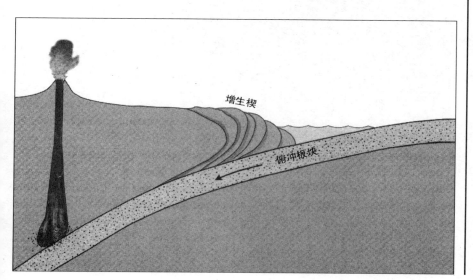

图17
大洋板块在俯冲带处形成的由沉积物组成的增生楔

在海底的板块相互作用下，在岩石圈板块的离散型边界产生新的洋壳，在汇聚型边界（即俯冲带）大洋壳又发生俯冲消减。板块俯冲在西太平洋尤为常见，那里深的俯冲带是产生岛弧的原因。岛弧上的火山非常壮观。那里的岩浆富含硅，挥发含量也相当高，与其他火山和洋中脊的液态玄武质岩浆形成强烈对比。岛上的火山爆发强烈并形成高耸的火山锥，由火山灰和熔岩组成。岛弧也与深源地震密切相关，这些地震的震源都在地下上万米。

在大陆和洋盆的下部，裂谷开启。最著名的例子是东非大裂谷。它标志着两个构造板块的边界：西边的努比亚板块和东边的索马里板块。裂谷最后将变宽，海水灌入，形成一个新的类似于马达加斯加岛的次一级大陆。这种裂谷目前正在分离非洲板块和阿拉伯板块的红海发生。亚丁湾是非洲板块和阿拉伯板之间新形成的裂谷。这两个板块早在1，000万年前就

图18
南加州的圣安德烈斯断层（图片由美国地质调查局的R.E.Wallace提供）

被分离开来了。

在形成裂谷的过程中，由于地壳的大块体在伸展断层处向下运动，该区域往往会发生大的地震。另外，由于岩石圈减薄，地幔接近地表，从而提供了充足的岩浆供应，因而常有火山爆发。火山活动的显著增加将产生数量相当大的玄武岩熔岩，在形成裂谷的早期，他们喷出地表溢流在大陆上。

有时，早期存在的裂谷系统，由于扩张活动的中止，张裂停止并被大陆所超覆。例如，北美板块的西缘，超覆于现在平息了的太平洋裂谷系统

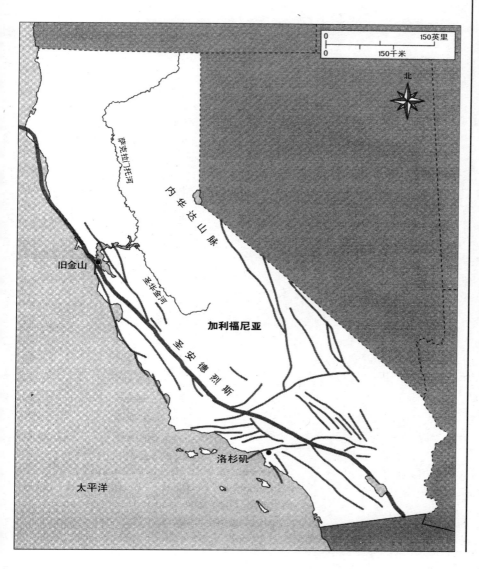

图19
加利福尼亚的圣安德烈斯断层和附属断层

之上，形成了加利福尼亚的圣安德烈斯断层（图18，图19）。位于美国中部之下的夭折了的裂谷系统形成新马德里断层，它在1811年到1812年之间的冬天，造成了三次强烈的地震。这两个区域未来发生大地震的可能性都非常的高。

本章讨论了塑造地球形态的地质作用力，下面两章将重点讨论最具有破坏性的两种力量，即地震和火山，以及它们的危害、产生的原因和对社会的影响。

2

地震
地面的震动

本章介绍了由地层断裂引起的大地震动的原因及其影响。地震是目前为止地球上最具破坏力的短期性自然力量。在数千年的人类文明里，它们一直是人类文明发展的威胁。大于8.0级的地震足以摧毁整个城市，一次大的震动足以使数千人丧失生命（表2）。（应注意到地震的震级的刻度是对数的。震级每增加1级，地面的震动增加10倍，释放的能量增加30倍。迄今为止人类记录到的大于9.0级的地震还是很少的）

表2　世界上最具破坏力的大地震

时间（公元纪年）	发生地震的地点	震级	死亡人数统计
365	地中海东部		5,000
478	土耳其，安提阿		30,000
856	希腊，科林斯		45,000
1042	伊朗，大不里士		40,000
1556	中国，陕西		830,000
1596	日本，雨龙岛		4,000
1737	印度，加尔各答		300,000
1755	葡萄牙，里斯本		60,000
1757	智利，康塞普西翁		5,000
1802	日本，东京		200,000
1811	新马德里，密苏里		<1,000
1812	委内瑞拉，加拉加斯		10,000
1822	智利，瓦尔帕莱索		10,000
1835	智利，康塞普西翁		5,000
1857	日本，东京		107,000
1866	秘鲁和厄瓜多尔		25,000
1877	厄瓜多尔		20,000
1883	荷兰属印度		36,000
1891	日本，美浓尾张		7,000
1902	西印度，马提尼克岛		40,000
1902	危地马拉		12,000
1906	加利福尼亚，旧金山	8.2	3,000
1908	西西里岛的墨西那	7.5	73,000
1915	意大利		29,000
1920	中国，甘肃	8.6	180,000
1923	日本，东京/横滨	8.3	143,000
1927	中国	8.6	70,000
1935	巴基斯坦，奎浮塔		40,000
1939	智利，康塞普西翁		50,000
1939	土耳其，埃尔津詹	7.9	23,000
1949	塔吉克斯坦		12,000

（续表）

时间（公元纪年）	发生地震的地点	震级	死亡人数统计
1949	厄瓜多尔		6,000
1953	希腊		3,000
1960	摩洛哥，阿加迪尔	5.7	12,000
1960	智利	9.5	6,000
1962	伊朗		12,000
1968	伊朗		12,000
1970	秘鲁		67,000
1972	伊朗		5,500
1972	尼加拉瓜，马那瓜	6.2	12,000
1976	危地马拉	7.5	22,000
1976	中国，唐山	7.6	240,000
1976	土耳其	7.3	4,000
1978	伊朗东部		25,000
1980	意大利南部		45,000
1981	伊朗东南部		8,000
1982	也门北部		3,000
1985	墨西哥，墨西哥城	7.8	8,000
1988	亚美尼亚，斯皮塔克	6.9	8,000
1990	伊朗北部		100,000
1995	日本，神户	7.2	5,500
1999	土耳其北部	7.4	17,000

　　（这里采用的震级标定标准为矩震级MW，与面波震级不同。如1960年智利的MW9.5级地震，按照面波震级Ms计算，为8.9级。地震常用的震级标度还有近震震级ML、体波震级mb等，不同的震级标度无法直接进行对比。我国常用的震级为面波震级Ms，如2008年5月12日发生的四川汶川8.0级大地震指的就是面波震级Ms。译者注）

　　一次大地震产生的破坏会向周围扩散，改变数千平方千米范围内的地形。地震通常会产生高而陡峭的悬崖并且引起大量的滑坡，在地表留下很多破坏的痕迹。在大陆边缘附近的板块边界，有许多活断层纵横交错。世界上有一半的人口居住在海滨区域，而海滨区域很容易受到地震的影响。

图20
在1976年7月28日的中国唐山大地震中被毁坏的桥梁（图片由美国地质调查局提供）

全球主要的地震

　　世界上有记录的最早的地震可能是公元前1831年发生在中国的一次地震。从公元前1177年的一次大的地震开始，中国人就开始了定期地记录地震。其中，公元7年的地震是世界上最早被记录下来的一次大地震，它摧毁了整个夏朝的都城。发生在1556年陕西华县的地震是世界上最具破坏力的地震之一（原文发生地震的地点为Shenshu，但据文中的描述，文中的地震应为1556年陕西华县的地震。译者注），它夺去了超过800，000人的生命并且使500英里（约800千米）宽的地区受到破坏。1920年的甘肃地震引发滑坡并夺去了约180，000人的生命。1976年7月28日，在华北唐山发生大地震，距离北京仅110英里（约177千米），24万人丧失了生命并且将整个城市破坏殆尽（图20）。

　　与中国毗邻的日本在历史上也屡屡遭到地震的破坏。1802年和1857年两次发生在东京的大地震分别夺去了200，000人和107，000人的生命。1923年9月1日，在日本本州岛中部的关东平原发生了一次8.3级的地震。整个90英里（约145千米）的区域有50英里（约80.5千米）遭到破坏。地面出现大的裂缝，巨大的滑坡永久地改变了地貌形态。这次地震受灾最严重的地方是东京和神户。在这三次大的地震中，神户的每一处重要的地面建筑都颤抖起来。东京的市中心几乎全部被地震摧毁了（图21）。

地震后东京和神户都燃起了熊熊大火，大火所过之处，所有的东西都被烧毁。在东京，近乎3/4的区域被完全摧毁。由于大风的助燃作用，大火燃烧了整整两天，烧毁了超过300,000座的建筑物。在神户，类似的旋风使得大火的火苗蔓延到城市的每一个角落，60,000座建筑物只剩下光秃秃的外壳竖立在地面上。地震造成了超过30亿美金的财产损失并使得超过100万人无家可归。当这次灾害停止的时候，总计人有140,000人在这场地震中遇难。

印度在很长的一段时间内都遭受地震的困扰。1737年10月11日，印度东北部的加尔各答爆发了一场大地震，使300,000人遇难。印度历史上最具破坏性的地震发生在东北部的阿萨姆邦，地震发生时间为1897年6月12日。地震的破坏面积超过了9,000平方英里（约23,310平方千米），并使得大片区域地面的海拔高度发生了变化。1950年8月15日，一场8.7级的大地震再一次袭击了这个区域，地震使得10,000平方英里（约25,900平方千米）的区域变成了荒芜之地。幸运的是，该地区人烟稀少，仅有少量的原始部落在这

图21
1923年9月1日的大地震破坏了日本东京的主要街道（图片由美国国家海洋和大气局提供）

里定居，因此死亡人数可能很低。1993年9月30日，一次6.4级的地震撕裂了印度西南部的马哈拉施特拉邦的大部分区域。地震使12，000人遇难（一些人估计遇难人数可能达30，000），当崩塌的碎石和泥浆压向他们的时候，大部分人还在熟睡。2001年1月26日，发生在印度西部人口稠密的古吉拉特的7.9级地震，使得30，000人遇难，大部分人因为建筑质量低劣的房屋倒塌而死亡。

在印度西边，1988年8月一次破坏力巨大的6.9级地震波及了斯皮塔克、亚美尼亚以及临近的城市。该地区位于一个活动的逆冲断层之上，逆冲断层在地球深部的构造力的作用下形成。在地震中，地面迅速地被抬升了6英尺（约1.8千米）之多，设计简单的混凝土建筑不能抵挡地球惩罚人类的巨大威力。当建筑物倒塌的时候，至少25，000人丧失了生命。在离它不远的伊朗的北部，1990年的一次大地震引发了大量的滑坡，致使100，000人丧生，近50万人无家可归。

在离印度较远的西部的土耳其，有一座古城安提阿，现在叫做安塔卡亚，它建立在软的地基之上，从建立之初到现在已历经了几次地震的摧残。公元115年，整个城市几乎都被摧毁了。由于它位于土耳其南部，和叙利亚的边界很近，在军事战略上具有很重要的地位，因此得以在原址上重建。公元458年，安提阿古城又一次被地震毁坏，尽管人们认为重建这座城市是不明智的，但它还是又一次得以在原址上重建。就像预言的那样，城市的一部分重建在距一条河很近的最糟糕的地基上。它在经历了一代人之后又被另一次地震破坏，这次地震还使得30，000人丧失了生命。之后，这座城市又再一次地在原址上重建，并成为一个重要的多民族交流的中心，直到最后一次在公元540年被波斯人摧毁。

继续向西，在1755年11月1日，一股来自于地下的巨大的能量在葡萄牙的里斯本释放出来，使得建筑物被损坏并倒塌在地面上（图22）。葡萄牙、西班牙以及世界上的其他地方都感觉到了这次地震，甚至远在美国也有震感。地震结束之后，葡萄牙沿着海滨的许多地区的海拔高度都发生了变化。20分钟后，另一波震动袭来。在第二次震动中，用石头建筑而成的码头沉到了河里，河水带走了在河滨避难的人群。由海底地震引起的20英尺（约6米）高的海啸冲击了港口，摧毁桥梁，掀翻船只。燃烧了几天的大火吞噬了整个城市，使城市中的一切化为灰烬。地震使城市完全夷为平地，并使居住在这座城市上的60，000人遇难。这次大地震可能还在北非引起了大的震动，给那里的人们也造成了巨大的损失。

图22
1755年11月1日葡萄牙里斯本地震，城市崩塌的示意图

　　1692年6月7日的中午之前，牙买加岛的皇家港开始了三次震动。地面被抬升，又在波浪中下降，形成裂缝又闭合，吞噬了大量的人们。地震还伴随着一次巨大的轰鸣声。小镇北部的区域慢慢地滑向大海。沿着海滨，建筑物被推翻，沉到波涛的下面。港口的船只被海水的湍流推翻。约2，000人失踪，整个城市的2/3被损坏。在它的原址，新的金斯敦港建立起来，但又在1907年发生的地震中被破坏。

　　美国新英格兰有着很长的地震历史。早期抵达那片土地的探险家们被实实在在的地面震动和轰隆声吓坏了。而在他们之前的美国原住民，则对这种经历非常的熟悉。普利茅斯登陆的朝圣者在1638年感受到了第一次大地震，地震毁坏了房屋并给整个乡间的人们带来了巨大的恐慌。1727年，美国东海岸发生了一次地震，波及范围从缅因州到特拉华州。在马萨诸塞州的纽伯里镇，地震使得许多烟囱和石墙倒塌。1755年马萨诸塞州的东部发生了一次更强烈的地震。安海角到波士顿一带都遭受了很大的破坏，城市的街道上遍布着倒塌的房屋的碎屑物，混乱不堪，行人无法通行。在历史上，康涅狄格州的慕达斯镇在1791年还发生了另一次地震，对建筑物造成了一定的破坏。有

图23
田纳西州里尔富特湖东部的契卡索悬崖由1811年新马德里地震引发的滑坡和裂缝形成（图片来源于美国地质调查局）

趣的是，关于慕达斯噪音曾产生过很多传说，而实际上这些噪音是由近地表的小地震引起的。

发生在密苏里东南部的新马德里的三次地震是美洲大陆地震历史上的三个大震，发震时间分别是1811年12月16日、1812年1月23日和1812年2月7日。新马德里坐落在密西西比河岸，是该区最大的居民定居点。在地面抬升和下降的过程中，地震几乎完全摧毁了周边的建筑物。大树被劈成两段，大地裂开，形成深的地缝，沿着悬崖和山坡发生了大量的滑坡（图23）。成千上万的被折断的大树落入河流中，被河水冲走。沙洲和岛屿消失了。河面上巨大的波浪，掀翻了许多船只并且把很多船只冲到岸边。地震改变了河道，相比于原来的河道而言，震后的河道更远地向西蜿蜒。下沉的地壳形成了很深的湖泊。

美国许多地方都有明显震感。地震给居住在芝加哥和底特律的人们敲响了警钟，这两地的居民都感觉到了轻微的震动。地震惊醒了在华盛顿熟睡的人们，还敲响了1,000多英里（约1,600多千米）外的波士顿的教堂的钟声。美国东部的钟摆停止了摆动。新马德里附近在接下来的两年里发生了不少小的余震。如果现在再发生同样大的地震，损失将会更加巨大，因为该区域现在有很多大城市，人口总数超过了1，500万。

加利福尼亚州近代历史上最强烈的一次地震发生在1857年，震中位于洛杉矶附近的圣安德烈斯断层的南端。内华达山脉东部欧文斯峡谷的龙松村在1872年3月26日被另一次大地震给摧毁了。土结构的房屋倒塌，造成至少30人死亡。在接下来的三天里，该地区发生了超过1，000次的余震。

1906年4月18日，旧金山附近的圣安德烈斯断层的北端破裂。近4平方英里（约10平方千米）的地区遭到地震破坏，占整个城市面积的3/4（图24）。海拔较低的商业中心毁坏最严重。市中心的建筑结构被破坏，建筑几乎都被摧毁。一些建筑物的地基下降，引起建筑物的倒塌，街上堆满了高层建筑物的碎片。破裂的煤气管被震翻的炉子和电线上传输的电流所点燃，整个城市陷入一片火海。在地震破坏中保存下来的建筑物最终也被接下来的大火完全烧毁了。死亡人数总计超过了3，000人，300，000人无家可归。

距离旧金山北部50英里（约85千米）的圣罗莎镇，在这次8.2级的地震中几乎完全被摧毁。福尔图纳斯海角的南部，一个山体整体滑向海洋并产生了一个新的海角。雷斯岬站和因弗内斯之间的马路穿过圣安德烈斯断层的那一段，在震后被水平地移动了21英尺（约6.3米）。树木被连根拔起，许多地区出现了裂缝和泉水。1989年10月17日旧金山发生了类似的一场灾难，只

图24
1906年4月18日旧金山地震的破坏景象，摄于吉尔里和梅森街的一角（图片由美国地质调查局的W.C. Mendenhal提供）

图25
在1964年3月27日阿拉斯加大地震中倒塌的安克雷奇第四大道（图片来源于美国海军和美国地质调查局）

不过这一次的破坏程度和死亡人数都远比上一次小。如果这一次的地震和1906年的一样大的话，造成的财产损失将达到400亿美元，同时还会带来其他的大灾难。

在1964年3月27日的耶稣受难日，北美历史上有记录的最大的地震破坏了阿拉斯加州的安克雷奇及其周边区域。这次9.2级的地震造成的破坏面积超过了50，000平方英里（约130，000平方千米），在50万平方英里（约130万平方千米）的范围内均有明显震感。来势汹汹的地震给安克雷奇带来了巨大的破坏，地面下降了几英尺，城市的30个街区被毁坏了。在第四大道的一段，整个街区都倒塌了，街道边一排的咖啡馆、典当铺、汽车和马路都沉降到和地基一般高的位置（图25）。

地震使得震中的外围区域形成了大的裂缝，且发生了历史上最严重的地壳变形。滑坡还造成了很大的破坏，整个港口的建筑设施慢慢地滑入大海。

在海滨滑入海湾的过程中，苏厄德港口经历了非常严重的滑坡。在复活湾，湍流在狭窄的入海口的一边和另一边之间不断地来回跳动，整个区域的海水都被这异常猛烈的湍流给搅乱了。海底地震产生了30英尺（约9.1米）高的海啸，破坏了阿拉斯加海湾附近的海滨村庄，夺去了107人的性命。科迪亚克岛遭到严重的摧残，海啸把船只抛向内陆，毁坏了大多数的捕鱼船只。

　　拉丁美洲历史上经历过异常多的破坏性地震。1730年和1751年，智利经历了两次大地震。1797年的地震中，在里奥卡巴，人们可以观察到非常明显的地壳运动。1835年，沃尔迪瓦和康塞普西翁遭受了一次大地震的破坏。康塞普西翁曾六度遭地震摧毁。沃尔迪瓦，波多黎各的蒙特港和其他港口在1960年5月22日的9.5级大地震中被摧毁。巨大的海啸袭击了海滨沿岸，滑坡使得乡村变成了废墟。两座休眠的火山复苏了，活动面积达90，000平方英里（约23.3万平方千米）。约50，000个家庭遭到破坏，5，700个人失去了生命。1972年12月23日，尼加拉瓜的马那瓜地震破坏了36个街区，夺去了约10，000人的生命。1976年危地马拉市的地震使23，000人遇难，77，000人

图26
1976年发生在危地马拉基切霍亚瓦赫镇的持续性的地震破坏（图片来源于美国地质调查局）

图27
在1985年9月19日的
墨西哥地震中被毁坏
的建筑物（图片由
美国地质调查局的
M.Celebi提供）

受伤并使得上百万人无家可归（图26）。

　　1985年9月19日，7.8级的大地震和7.6级的余震将墨西哥城的建筑震塌。它是墨西哥历史上最沉重的灾难。主震和余震使得超过10,000人丧生，100,000人无家可归。这次地震破坏性非常强，在美国德克萨斯州的建筑都有晃动，而在科罗拉多，游泳池里的水都因地震而被溅了出来。墨西哥市中心的建筑发生了剧烈的震动。墙壁和大梁在巨大的应力作用下发生了变形。金属的街灯柱在地震中摇晃，像橡胶一样，弯曲在震动的街面上。电话线和电线被折断，玻璃被震碎，大的水泥块体从建筑物中脱落，倒塌在路面上。约400幢建筑物在地震中被震碎，另外还有700幢遭受了严重的破坏（图27）。

危险的区域

　　大多数的地震发生在板块的边界，那里不同的岩石圈板块或汇聚，或离散，或相互错动。最具破坏力的地震总是和板块俯冲联系在一起，那里一个板块下插到另一个板块之下。世界上地震活动最活跃的地方总少不了深海沟、火山岛弧，这两者是大洋板块和大陆板块汇聚的标志。地震还在洋中脊系统处发生，洋中脊在海洋里蔓延达数千英里。大陆的裂谷带也常发生地震，如长达3，600英里（约5，794千米）的东非大裂谷就具有非常大的发震可能性和破坏性。

大多数的地震在一定的区域内密集发生并形成环绕全球的地震带（图28）。全球最多的地震能量在太平洋的边缘即环太平洋地震带处释放。这是一个包围太平洋洋盆的俯冲带环带，同时，那里也是环太平洋火山带。这表明太平洋边缘也包含世界上大多数的活火山。在西太平洋，环太平洋地震带里包含着大量的火山岛弧，标志着这里是俯冲带的边缘，在那里也曾发生过一些地球上最大的地震。

从新西兰开始，环太平洋地震带转而向北延伸，经过汤加、萨摩亚群岛、斐济、洛亚尔提群岛、新赫布里底群岛和所罗门。地震带在新不列颠、新几内亚和摩鹿加群岛处继续向西移动。然后其中的一支向西穿过印度尼西亚，而主要的地震带则向北经过菲律宾，在那里地震带涵盖了整个菲律宾群岛。地震带继续向北，经过中国台湾。在台湾，1999年9月28日台北发生了

图28
板块边界常发生地震，是世界上地震活动性最强的地方

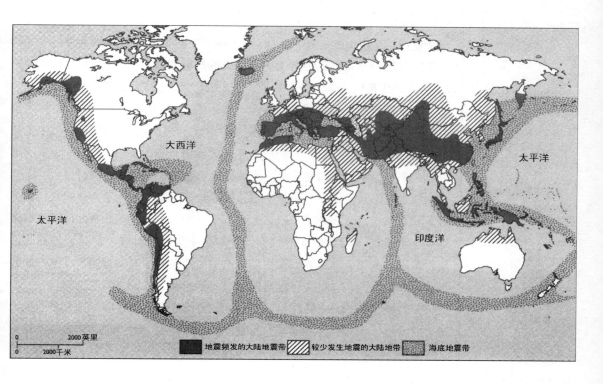

0 2000英里		
0 2000千米		

地震频发的大陆地震带　　较少发生地震的大陆地带　　海底地震带

图29
沿西北方向看位于加利福尼亚州旧金山的圣安德烈斯断层（图片由美国地质调查局的R.E.Wallace提供）

一个世纪以来最大的地震，震级为7.6级，夺去了2，200人的生命，10，000人无家可归。日本群岛经常受到大地震的严重破坏，1995年1月27日的神户7.2级大地震使5，500人丧生并带来了超过1，000亿美元的财产损失。

地震带继续向北，沿着太平洋顶部，经过库页岛、堪察加半岛和阿留申群岛。然后地震带经过阿留申海沟（这是许多阿拉斯加大地震产生的原因）、卡斯卡底俯冲带（这里曾经是史前时代西北太平洋发生地震的地方），到达引发加利福尼亚地区地震的圣安德烈斯断层（图29）。

地震带沿着安第斯山脉的中部和南部向下蜿蜒，产生了许多有史记载的最大和最具破坏性的地震。在20世纪，二十几个7.5级以上的大地震破坏了这些周边地区。沿着海滨的一个巨大的俯冲带，威胁整个南美洲的西部海岸。载动着南美大陆的岩石圈板块，迫使纳兹卡板块向下运动，在地壳的深处积累了巨大的应力。当一些岩石被迫向下运动，其他岩石被推到了表面，使得安第斯山脉抬升，安第斯山脉是地球上增长最快的山脉。由此产生的力量在整个地区形成巨大的应力，当这个应力变得太大时，地震就在该区域发生了。

　　第二个主要的地震带贯穿于地中海侧面的褶皱山脉，以其破坏性地震闻名于世。地中海东部地区混杂有许多碰撞板块，使得该区域变得很不稳定。近东地区极不稳定，《圣经》就记录下来了许多地震。自从公元前第二个千年的末期以来，在伊拉克、叙利亚和地中海沿岸的其他城镇发现的刻有文字的石块上就曾经有一些关于地震的记录，上面写到由于地震摧毁了他们的城市，他们无法向当地的统治者照章纳税。罗马的税收记录显示，许多城镇收到政府的财政援助，以进行震害后的恢复工作。

　　从人类文明诞生以来，地中海周围的地区经常遭到地震的破坏。公元365年7月21日，一个有记录的最具灾难性的地震发生在该地区。它影响了东地中海面积约为100万平方英里（约200多万平方千米）的区域，包括意大利、希腊、巴勒斯坦和北非。地震把沿海城镇夷为平地，且产生了一个巨大的海啸，摧毁了亚历山大的埃及港，溺死了5，000人。

　　塞浦路斯南部的古里乌木古城在地震中被完全夷为平地。数百年来，一部分的古罗马文明一直被掩埋在瓦砾中。考古学家在该地区挖掘出了保存完好的文物，并挖掘出了人类和动物的骨骼。对墙壁和坠落到地面的物体的分析表明，这次地震的强度非常大，给邻近区域造成了毁灭性的灾难。地震的发生使得墙壁立即破碎倒塌，人与动物根本来不及逃出从而都被困在建筑物中。

　　地震带穿过伊朗和喜马拉雅山脉进入中国。喜马拉雅山的东端可能是世界上最容易发生地震的区域。一条长2，500英里（约4，023千米）的巨大的地震带穿过西藏和中国的其他大部分地区。在上个世纪，该地区发生了十多个8.0级以上（含）的地震。在西边，阿富汗北部的兴都库什山脉是发生过许多破坏性地震的地方。在20世纪，该地区发生了三次8.0级以上（含）的大地震。这里是一个非常活跃的地震带，每年约有2，000个小地震在此处发生。

　　地震带继续通过高加索山脉，到达土耳其。1939年，土耳其的东部发生了7.9级大地震，夺去了约30，000人的生命。1999年8月17日，在一个类似于圣安德烈斯断层的断层带上发生了一次7.4级的地震。在工业的核心地带，超过17，000人在地震中丧生。这次地震发生在北安纳托利亚断层的近西端处，该断层长750英里（约1，200千米），横跨在土耳其北部。断层的活跃性来源于阿拉伯大陆和欧亚大陆之间缓慢的碰撞作用。

　　地震同样发生在大陆内部由坚硬岩石组成的前寒武纪地盾的稳定地区。这些稳定区域包括斯堪的纳维亚半岛、格陵兰岛、加拿大东部、西伯利亚西北部和俄罗斯的部分地区、阿拉伯半岛、印度次大陆较低的部分、中南半岛、南美洲除安第斯山脉的几乎所有的区域、除东非大裂谷和西北部的整个非洲。这些地区发生的地震可能是由于板块边缘的压缩力引起的地壳的弱化而激发的。地壳也可能由于先前的板块构造活动，包括死亡的或夭折的裂谷系统（如新马德里断层，从地质历史来看，新马德里断层现在很平静，正在等待着下一次大地震），造成强度变弱。

地震断层

1906年沿着圣安德烈斯断层的北部发生了旧金山大地震，直到此时地震发生的震源机制才被人们很好地理解。在那次地震中，上百英里范围内横跨断层的道路和篱笆最多的位移了21英尺（约6.4米）（图30）。圣安德烈

图30
在1906年加利福尼亚州的旧金山大地震中，位于马林县的一个篱笆被圣安德烈斯断层错动了8.5英尺（约2.6米）远（图片来源于美国地质调查局的G.K.Gilbert）

斯断层长达650英里（约1，046千米），它从美国与墨西哥的交界处开始，经过加利福尼亚的西端，到达美国北部太平洋附近的门多西诺角。它位于太平洋板块和北美板块的分界处。加利福尼亚州西部的圣安德烈斯断层的一段在北美大陆沿着朝西北方向每年移动2英寸（约5厘米）左右。两大板块的相对右旋运动，站在任何一个板块上的人均可以观察到另外一个板块在向右运动。在1906年的旧金山大地震中，太平洋板块突然相对北美板块错动了几英尺远。

自1857年加利福尼亚州最后一次发生大地震以来的50年里，沿着圣安德烈斯断层的岩石发生塑性变形而弯曲，储存了大量的弹性势能，就像弯曲的棍子储存有弹性势能一样。最终，岩石失去了原来的强度，在最薄弱处发生错断，储存在其中的能量一起被释放出来。错动沿着断层持续的释放应力，直到绝大部分的应变能被释放出来，应变才逐渐消失。好比把一根棍子弯到超过它所能承受的最大的限度时，它发生断裂一样。

突如其来的错断使得变形的岩石发生弹性回跳，变回到最初的形态。由于岩石的弹性返回其原来的形态，它产生震动，产生类似于声波的地震波。地震波朝着各个方向辐射，就像朝一个安静的池塘扔一块石头产生的涟漪一样。所有的岩石并非立即发生弹性回跳，可能需要几天或几年的时间，产生非地震的滑动。这种情况常发生在圣安德烈斯断层的中部，那里断层的两面不时地发生小的相对滑动，因而常发生小的地震。与之相反的是，在圣安德烈斯断层的两个断点，如南端，也就是发生1857年大地震的地方，以及断层的北端，即发生1906年旧金山大地震的地方，断层的正常滑动受到阻碍。当断层移动受阻的部分想把应力释放出来的时候，大地震就在地面产生了。

1992年4月22日，在圣安德烈斯断层的南端横向滑动产生的一个不寻常环境，加上断层北端的板块俯冲的作用，引起了南加州约书亚树附近的6.1级地震，三天之后在北边引发了另外两个地震，这是近30年内发生在加利福尼亚州最大的地震。1992年6月28日的兰德斯地震，震级为7.5级。三天以后，在离兰德斯西北方向约20英里（约32.2千米）的大熊镇发生了6.5级地震。幸运的是，最强烈的地震发生在北部的人口稀少的莫哈韦沙漠，而不是在西部人口密集的城市区域。

就像加利福尼亚州的居民说的那样，多次小的地震的发生可能预示着一次大的地震的到来。它们可能通过把应力转移到地壳中，对发生小震附近的圣安德烈斯断层产生直接的影响，使得沿着断层的地震爆发变得更容易。地震也可能预示着，在与圣安德烈斯断层平行的地方将产生一个相对

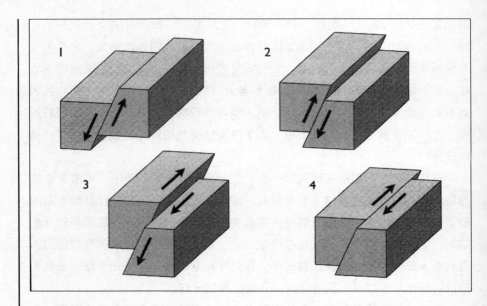

应的新断层。

当一条断层一盘相对于另一盘升高时,断层也会产生垂向的位移(图31)。当地壳被拉开时,断层的一块沿着一个倾斜面向下滑动。这时产生了一个正断层。历史上,正断层曾被错误地认为是最常见的断层。但其实上,大多数断层是在挤压力的作用下,断块沿着倾斜的平面上升。因为它们与正断层刚好相反,通过这种逆冲方式形成的断层被叫做逆断层。如果逆断层的断层面接近于水平或者其运动基本上是水平的,这样的断层就叫做逆冲断层。逆冲断层由于受挤压的板块发生剪切形变而产生,使得在很远的距离范围内,断层的一盘都能抬升到另一盘之上。

1983年5月2日,在加利福尼亚州的科林佳镇,一个距离地面约6英里(约10千米)处的深度产生逆冲断层并引发了6.7级的地震,使得整个城镇差点被夷为平地。用逆冲断层来解释发震原因曾经受到怀疑,理由是地面没有发生破裂,而6.0级以上的地震一般都会发生地面破裂。这次非同寻常的地震没有明显的能向人们预警的前震。1987年10月1日,在加利福尼亚州惠特镇发生了略小于6.0级的地震。尽管地面没有破裂,但是造成的损害却很严重。镇外面的山被抬升了两英尺(约0.6米)左右。1994年1月17日,北桥镇在俯冲断层之上发生的6.7级的地震给整个洛杉矶地区造成了严重的破坏,造成63人死亡,10,000人无家可归,财产损失高达130亿美元。

圣安德烈斯断层系统伴生的逆冲断层在地面上可能表现为一系列活动的

褶皱带，它们不断地抬升加利福尼亚州的海岸山脉。地震抬升形成大褶皱，称为背斜，是在上百万年的时间里，经一系列不连续的构造事件形成的。大部分的这类地震均发生在年龄小于几百万年的年轻的背斜下面，这是由于褶皱地层是由板块碰撞产生的压力导致的一系列地震的作用形成的地质产物。和沿着断层破裂而产生的地震不同的是，这些伴随着褶皱而发生的地震不引起地面的破裂。

世界上大多数使山脉抬升的大的褶皱带均是地震的多发区，例如地中海边缘的一些山脉。在1980年阿尔及利亚阿斯南发生的地震，断层伴生的背斜被抬升了15英尺（约4.6米）（图32）。在20世纪，在日本、阿根廷、伊朗和巴基斯坦都发生了许多大的褶皱地震。

在同样大小震级的情况下，逆冲断层可比平移断层造成大得多的破坏。平移断层使建筑物前后摇晃，建筑物上具有韧性的钢架能吸收大部分的能量。在一次地震中，有些建筑物可能摇晃得非常厉害，对居住者造成的伤害非常大，这是由于家具和其他物品（包括人）在地震中被拖向墙壁。相比而言，逆冲断层使得建筑物瞬间上升、下降数英寸甚至上英尺高，产生的巨大

图32
1980年阿尔及利亚阿斯南地震造成的严重的破坏景象（图片来源于美国国家海洋及大气管理局）

的能量能使设计得最好的建筑物在一瞬间倒塌。震动最强烈的地方发生在悬在上面的那一盘断层上，它在地震中被抬升。1988年亚美尼亚由逆冲断层引起的地震造成了重大损失，夺去了25,000人的生命。

一些断层同时具有水平运动和垂直运动。它们含有复杂的对角线运动，形成复杂的断块系统，叫做倾斜断层或剪断层。在犹他州，尤因塔山北边的尤因塔大断层就是这样的一个断层。1989年10月17日，沿着圣安德烈斯断层25英里（约40千米）长的地层破裂，产生了洛马普列塔地震（图33）。断层沿着一个倾斜的平面向上滑动，形成了一个右旋的斜逆断层。地震使得西南侧的断层抬升了超过3英尺（约0.9米）的距离，并使附近的圣克鲁斯山不断地抬升。

1906年的旧金山大地震和洛马普列塔地震均发生在穿过圣克鲁斯山的圣安德烈斯断层的一段。二者的主要差别在于，前一个地震的主要运动方式是水平运动，而后一个地震发生在迫使断层的西南面（下盘）向断层的北面（上盘）运动的一个倾斜面上。由于旧金山地下的地质特征，旧金山地震产生的地面震动是同级地震大小的两倍。

美国的其他许多地方也是断层纵横交错，且断层的地方常有很多山脉，有39个州位于可能触发大地震的区域（图34）。俄勒冈州的盆岭省、内华达州、犹他州西部、加利福尼亚州东南部、亚利桑那州南部和新墨西哥州均有

图33
1989年10月17日，加利福尼亚洛马普列塔地震中，旧金山港湾地区损毁的建筑物

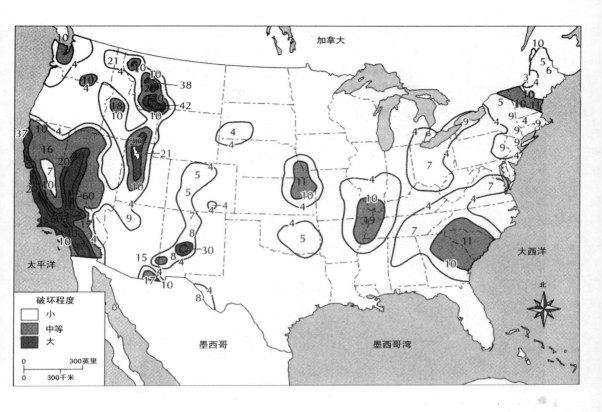

图34
容易发生震害的区域

几个含断层的断块山脉，属于发生地震可能性很大的区域。密西西比河的上游以及俄亥俄河峡谷属于地震频发的区域。新马德里的东北部的断层及其伴生的断层是产生一些大地震和许多小地震的原因。沿着东海岸，波士顿、纽约、查尔斯顿和其他地区发生过大地震。北美的东北部从殖民时代以来，发生过10多次大地震。该地区已经平静了很长时间，恰恰蕴含着另一个大地震即将来临。

地震成因

为什么地震的能量在一些特定的情况下释放，而不是在另外的情况下释放？这个原因还没有被充分的理解。一次地震释放的能量与滑动的断层的长度和厚度的乘积成正比。一般的，如果断层越厚越长，则地震的震级越大。1960年的智利大地震是人类历史上有记录的最大的一次地震，是沿着智利南部的俯冲带发生约600英里（约966千米）长的破裂而引起，并且这么长的破裂可能是在一次滑动中完成。在1906年的旧金山大地震中，圣安德烈斯断层长约260英里（约418千米）的一段发生了破裂。其他影响震级的因素还有断层的摩擦力、沿断层应力的下降、穿过断层时的破裂速度。沿着一条断层的破裂，速度可以达到每秒数英里。

地球的地壳在不断地自我调整，在地面产生水平方向和垂直方向的位错。这些运动常发生在地壳里大的破裂带处。最大的地震的位错达数十英尺，并且在几秒钟之内完成。大部分的断层发生在板块的边界处，大部分的地震发生在板块相互碰撞或剪切的区域内。如果板块在临界点被折断，能量会被突然释放出来，转化为巨大的地震波的能量。板块之间的相互作用使得岩石发生应变而变形。如果变形发生在近地表，一个大地震就产生了。地震同样发生在火山爆发的过程中，但是相对于由断裂触发的地震而言，其规模比较小。

每年地球上都发生数以千计的地震。幸运的是，只有一些能量巨大的地震具有破坏性。在20世纪，地球上平均每年发生约18次大于或等于7.0级的地震。就震级超过8.0级的大地震而言，20世纪平均每年一次。地震造成的破坏程度并不仅仅和震级相关（震级与断层的长度和厚度的乘积成正比），它也受到发震区域的地质条件的影响。就同样震级的地震而言，如果发生在

图35
1886年8月31日的南卡罗来纳州的查尔斯顿地震的破坏景象（图片来源于美国地质调查局的J.K.Hillers）

较硬的岩石区域（如大陆的内部），其破坏性就比发生在板块边缘的破裂的岩石处要大得多。这就是为什么美国东部的地震比西部的地震影响区域更广的原因。1886年8月31日的南卡罗来纳州的查尔斯顿地震（图35），使得远在750英里（约1，200千米）之外的芝加哥的墙壁发生破裂，在波士顿、密尔沃基和新奥尔良均有震感。这次地震当地的死亡人数是110人。

在一条主断层上，距离上一次发生大地震的间隔时间越长，发生地震的危险性就越大。这就是地震空区假说，它认为在发生一次大震之后，沿着断层的发震的危险性就变小，而相对应地，这种危险性会随着时间的增加而增加。由于应力的积累需要大量的时间，只有休止了很长时间的断层才具有非常大的发震可能性。该理论只适用于大地震，一个中等规模的地震可能在同一条断层上发生而事先没有任何征兆，使得它的预测变得非常困难。

地震造成的危害取决于震动的大小和发震区域的地质条件。大多数断层都有一个非常有特点的地震（模式），地震大都按照这种模式在这个断层上重复发生。一些地区可能经历大于或等于7.0级的类似的地震，而另外一些地区很可能发生8级或9级的大地震。但是，大地震并不和小地震有着类似的发震机制，这使得对他们的预测非常困难。地震常发生在以前发生过地震的地方。一旦某个区域具有地震活动性，地震就将一直持续，直到某个时间因为一些现在还无法知道的原因而停止。然后在另一个大地震来临之前，经历一个相对比较长的间歇期。

地震的破坏

地震是地球上最具破坏性的地质力量。由一次大地震引发的破坏将会朝四面八方传播，改变数千平方英里范围内的地形。地球的地壳也在不断地发生自我调整。这将引起地壳里的破裂带之上的地面朝水平方向和垂直方向位移。大地震能在几秒钟或几十秒钟的时间里，产生数十英尺的错动距离。破裂的断层还可能和其他长久没活动的断层发生相互作用，使得远在数千英里之外的地方都发生地震。

除了对建筑物及其他构造体的破坏之外，地震还使得地形地貌发生改变，产生深的裂缝、高而陡的悬崖（图36），引起足以改变区域地形的大滑坡。最大的地面变形发生在逆冲断层附近。对逆冲断层而言，断层的一盘运动在另一盘的上面，在地震中它被抬升。活动断层是产生悬崖、裂谷和山脉的原因，它在大陆边缘的板块边界处纵横交错，而在大陆内部则位于老的裂谷下面。

图36
在1959年8月蒙大纳州加拉廷县赫伯根湖的地震中，红谷断层产生的悬崖约14英尺（约4.3米）高（图片来源于美国地质调查局的I. J. Witkind）

在古代，居住在地震带附近的人们通过建造简单的能抗震的住所来保护他们不受地震的伤害。而如今，由于人们的住所变得越来越复杂，使用的建筑材料也越来越多样化，地震破坏成为一个严重的、代价高昂的问题（图37）。大多数的大城市都同时有老的和新的建筑，现代建筑常常和先前的建筑混在一起，而先前的地基常常因为时间的久远而变得羸弱。

许多地区，如太平洋的西北部（位于俯冲带上，很久以前曾遭地震的破坏），建筑物并不能抵抗强烈的地面震动，几乎对大地震没有任何准备。

在2001年2月28日，华盛顿州的西雅图发生了6.8级的地震，造成了超过20亿美金的损失。大约在1，000年以前，该地区还发生过一次大地震。在那次地震中，地面的震动和塌陷以及奥林匹亚山的滑坡混杂在一起，掩埋了这个地区。地震还引发了一个巨大的海啸，波及普吉特海湾的海滨区域。现在这个地区人口稠密，如果现在该区域发生同样大小的地震，财产损失和人员伤亡将是巨大的。

建筑物的类型决定了它抗震的强度。重量轻、钢架结构的建筑物具有一定的强度与灵活性，这类建筑物和含门窗较少的钢筋混凝土的建筑物皆能在一定程度上抵御地震的破坏。建筑物抗震的能力不仅取决于它的设计、所用的材料、建造者的技术，还取决于地基处的地面类型、它相对于地震波的方向以及地震波本身的特点。

要设计一个建筑物以抵抗在短短数秒钟里的急促、剧烈、频率高的地震波，并不是一件容易的事。二到四层的建筑物最容易受到这种冲击波的破坏，而高楼则可能在地震中安然无恙。而要设计一个能抵抗数十秒钟、持续时间长、低频的地震波的建筑更是困难得多。多层建筑物容易受到这种类型的冲击波的破坏，而矮的建筑物则在地震中可能几乎保持原样。地震持续的时间越长，更多的高楼就会产生共振，使它们剧烈地前后运动。

即使建筑物能够经受住地震的破坏，它们仍然可能由于地面的位移引发

图37
在1976年危地马拉城的地震中，特米纳酒店由于水泥柱的损坏而倒塌（图片来源于美国地质调查局）

51

地基损坏从而导致坍塌。强烈的冲击波可以使得土壤松软或液化，失去支撑建筑物的能力（图38）。建筑物所在的地基条件很大程度上影响了建筑物在地震中运动的幅度和方式。一般的，相对于建造在松软的地基上面或用容易发生变形的天然成人造材料建造的建筑物而言，建造在坚固的岩石上的建筑在地震中的损坏程度要小得多。支撑建筑物的地基的类型影响建筑物运动的幅度的理由是，软的沉积物一般吸收高频的震动而对低频的震动有一个放大的作用，而低频的地震波是造成破坏的主要类型。

地震持续的时间很大程度上决定了对建筑物的破坏程度。一般的，持续的时间越长，地震造成的损害越大。其他因素，如地震波的类型，也决定地震的破坏程度。当地震释放的能量沿着地表传播的时候，会导致地面发生复杂的震动，不但上下运动，也发生水平运动。

大部分的建筑物可以承受垂直运动带来的破坏，这是因为它们能抵抗重力的影响。但是，地面幅度最大的运动通常是水平运动，它使得建筑物来回地摇晃。如果建筑物的共振频率和地震波的频率相当，它会摇晃得非常厉害，造成非常大的破坏。由岩石的调整而引发的主震以后的余震，可以和主震有同样的破坏性，也可能把地震开始损坏的建筑物完全破坏掉。由破碎的天然气管道和其他易燃材料引起的失去控制的大火，会造成进一步的毁坏。

图38
在1989年10月17日加州洛马普列塔地震中，斯特鲁夫斯劳的高速路一号桥因河流沉积物的液化而破坏（图片来源于美国地质调查局的G.Plafker）

地震破坏及影响范围的大小，取决于地震的震级以及地震波的振幅随着距离递减的程度。一些地面类型比其他类型更能传播地震波的能量。就一定震级的地震而言，发生在美国东部比发生在美国西部破坏的区域更广，这表明了两地之间的地壳组成成分和结构的差异。美国的东部由地质年代老的沉积岩构成，而西部由年轻的火成岩以及被地震断层破坏的沉积岩构成。

海啸

在洋底，由于地震的发生而引起的垂直位移将产生海啸，海啸英文名为Tsunamis，来源于日本语，意思为"潮汐波"。之所以采用这一命名，是因为在日本海啸的发生非常的普遍。海底地震的能量转化成和它的强度成正比的波的能量。地震在海洋激发出海啸与在一个池塘中扔一块石头激发出的涟漪类似。在开阔的海洋里，波峰可能长达300英里（约483千米），并且通常不到3英尺（约0.9米）高，波峰与波峰之间的距离通常为60~120英里（约97~193千米）远。这使得海啸的倾角不大，过往的船只和飞机常注意不到它的存在。

海啸在洋底的活动距离达数千英尺远，传播速度为每小时300~600英里（约480~960千米/小时）。一般的，海水越深，波长越长，海啸传播的速度就越快。当海啸到达浅的海滨水域的底部的时候，如港口和狭窄的入海口，它的速度迅速地减慢到大约100英里（约161千米）/小时。这种速度的突然减小使得海水堆积。由于后浪推前浪，波的高度增加得非常厉害，同时，通过变浅作用，使得波与波之间的距离变小。海啸引起的水墙的高度曾达200英尺（约60米），尽管大多数海啸时的水面抬升仅数十英尺高。波浪的破坏力是巨大的，当它达到海滨的时候会带来巨大的损失。建筑物被任意地蹂躏，而船只经常被抛向内陆（图39）。

全球90%的海啸发生在太平洋，它们中的85%是由于海底地震引发的。在1992年和1996年间，太平洋周围的17个海啸造成了约1，700人死亡。夏威夷是许多破坏性海啸经过的地方。从1895年以来，该岛历经了12次这样的海浪。在1946年4月1日由北部的阿留申群岛发生巨大的地震引发的海啸使得希洛有159人死亡。

在海啸预警机制建立以前，人们除了知道岸边的海水剧烈的消退是个先兆之外，对这个即将来临的灾难没有任何的预知信息。居住在海滨区域的人们知道海水剧烈消退这一警告，在海啸来临之前他们就转移到更高的地方去。在1755年葡萄牙的里斯本地震中，当海啸袭击亚速尔群岛的马德利亚岛时，大量的鱼因为突然的海退而搁浅到海滩上。村民们没有注意到这一危

险，走出家门去海边捡这个意料之外的惊喜。结果，他们被一个巨大的海浪吞噬了宝贵的生命。

当海退几分钟以后，一个巨大的涌浪会和海水一起冲到岸边，在内陆还会延续数百英尺远。通常，当涌浪剧烈地退去或海水退回海里，下一个涌浪又会跟着发生。在海底逐渐抬升或有岛屿等阻隔物存在的岸边和岛屿，大部分海啸的能量在到达岸边之间就已释放了。但是，在被深水包围的火山岛屿或位于港口外面的深海沟处，一个迎面而来的海啸会使得海浪达到非常高的高度。

由大地震引发的海啸能够在太平洋里畅行无阻。1960年的智利大地震使得加利福尼亚大小的陆块抬升了30英尺（约9.1米）。它激发了一个35英尺（约10.5米）高的海啸，席卷了远在5,000英里（约8,047千米）远的希洛和夏威夷，造成了超过200亿美元的财产损失，并使得61人丧生。海啸又经过了5,000英里（约8,047千米），到达日本，并给本州和冲绳岛的海滨村庄造成了巨大的损失，死亡或失踪的人数达到180人。在菲律宾，20个人因此而死亡。新西兰的海滨区域也遭受到这次海啸的打击。在之后的几天里，希洛的潮汐测量仪还能检测到回退到太平洋洋盆的海浪。

在讨论了破坏性的地震之后，下一章将讨论破坏性的火山，包括一些休眠的火山，讨论它们发生的原因以及将来可能喷发的地点。

3

火山爆发
地球内部物质的流出

本章主要讨论火山运动及其对人类文明的危害。火山是地球上第二大最具破坏性的自然力，往往形成许多地质灾害（表3）。它们是最伟大的陆地缔造者，形成了包括各种火山锥和巨大熔岩流在内的许多不同地质构造。既有益又危险的火山爆发是所有地球运动过程中最壮观的。它们非常具有破坏性。通常，一次单独的火山爆发可以彻底摧毁整个城镇，夺走成千上万人的生命，也促使了一些人类文明的消失。

历史上著名的火山爆发有三分之二都引起了死亡。 自从约1万年前第四纪冰期结束以来，世界上已经有1,300座火山发生了爆发。在过去的400年间，已有500多座火山爆发，这500多座爆发的火山使200,000人为之丧生，并导致了数十亿美元财产的损失。1700年以后，世界各地约有两打左右的火山因死亡人数超过1,000人而引起人们的重视（图40）。在最近的100年里，每年火山爆发引起的平均死亡人数为800多人。仅仅在20世纪80年代——火山强烈运动的十年内，就有约40,000人为之丧失了生命。

表3 主要的火山爆发

日期	火山	区域	死亡人数
公元前1480年	希拉火山	地中海	
公元79年	维苏威火山	庞培，意大利	16，000
1104年	赫克拉火山	冰岛	
1169年	埃特纳火山	西西里岛	15，000
1616年	马荣火山	菲律宾	
1631年	维苏威火山	那不勒斯，意大利	4，000
1669年	赫克拉火山	冰岛	20，000
1701年	富士山火山	日本	
1759年	荷鲁约火山	米却肯州，墨西哥	200
1772年	帕潘德彦火山	爪哇，印度尼西亚	3，000
1776年	马荣火山	菲律宾	2，000
1783年	拉基火山	冰岛	10，000
1790年	基拉韦厄火山	夏威夷	
1793年	云仙火山	日本	50，000
1793年	图斯特拉火山	韦拉克鲁斯，墨西哥	
1814年	马荣火山	菲律宾	2，000
1815年	坦博拉火山	松巴哇岛，印度尼西亚	92，000
1822年	Galung gung	爪哇，印度尼西亚	4，000
1835年	科西基那火山	尼加拉瓜	
1845年	内华达德鲁兹火山	哥伦比亚	1，000
1845年	赫克拉火山	冰岛	
1850年	奥苏尔诺火山	智利	
1853年	纽阿福欧岛火山	萨摩亚群岛	70
1856年	培雷火山	皮尔，马提尼克岛	
1857年	圣海伦火山	华盛顿	
1873年	莫纳罗亚火山	夏威夷	
1877年	科多帕希火山	厄瓜多尔	1，000

（续表）

日期	火山	区域	死亡人数
1881年	基拉韦厄火山	夏威夷	
1883年	喀拉喀托火山	爪哇，印度尼西亚	36,000
1886年	东加里罗火山	新西兰	
1888年	盘梯火山	日本	460
1897年	马荣火山	菲律宾	
1902年	苏弗雷火山	圣文森特，马提尼克岛	15,000
1902年	培雷火山	皮尔，马提尼克岛	28,000
1902年	圣玛丽亚火山	危地马拉	6,000
1903年	科利马火山	哈利斯科，墨西哥	
1906年	维苏威火山	那不勒斯，意大利	
1910年	伊拉苏火山	哥斯达黎加	
1911年	塔阿尔火山	菲律宾	1,300
1912年	卡特迈火山	阿拉斯加州	
1912年	维龙加火山	比利时，刚果	
1914年	拉森火山	加利福尼亚	
1914年	哇卡利火山	新西兰	
1914年	樱岛火山	日本	
1917年	圣萨尔瓦多火山	萨尔瓦多	
1919年	克鲁德火山	爪哇，印度尼西亚	5,500
1924年	基拉韦厄火山	夏威夷	1
1926年	莫纳罗亚火山	夏威夷	
1927年	喀拉喀托火山之子	爪哇，印度尼西亚	
1928年	rokatinda	荷属东印度群岛	
1929年	维苏威火山	那不勒斯，意大利	
1929年	卡尔布科火山	智利	
1931年	默拉皮火山	爪哇，印度尼西亚	1,000
1932年	火火山	危地马拉	

(续表)

日期	火山	区域	死亡人数
1932年	耶瓜斯火山	阿根廷	
1935年	基拉韦厄火山	夏威夷	
1935年	莫纳罗亚火山	夏威夷	
1935年	基拉韦厄火山	尼加拉瓜	
1938年	尼亚姆拉吉拉火山	比利时，刚果	
1943年	帕里库廷火山	米却肯州，墨西哥	
1944年	维苏威火山	那不勒斯，意大利	
1952年	Binin 岛	日本	
1957年	卡佩利纽什火山	亚述尔群岛	
1963年	苏特塞岛火山	冰岛	
1963年	阿贡火山	巴厘岛，印度尼西亚	1，200
1969年	基拉韦厄火山	夏威夷	
1973年	海尔加火山	冰岛	
1977年	尼拉贡戈火山	扎伊尔	70
1980年	圣海伦火山	华盛顿	62
1983年	欧尔契诺火山	墨西哥	187
1983年	基拉韦厄火山	夏威夷	
1985年	内华达德鲁兹火山	哥伦比亚	22，000
1986年	尼奥斯湖火山	喀麦隆	20，000
1986年	奥古斯丁火山	阿拉斯加州	
1991年	皮纳图博火山	菲律宾	700
1991年	云仙火山	日本	37
1994年	腊包尔火山	巴布亚新几内亚	
1996年	鲁阿佩胡火山	新西兰	
1997年	苏弗里耶尔火山	蒙特塞拉特岛	20
2000年	云仙火山	日本	

与火山有关的死亡人数增加主要是由于越来越多的人口居住在活火山附

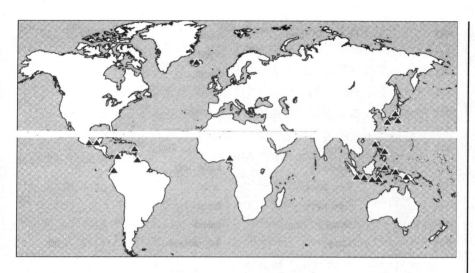

图40
杀手——火山，每座导致1,000多人死亡

近，而未必是因为火山爆发次数的增多。火山造成的大量人员伤亡的情况大多发生在地震预报能力较差的发展中国家。目前，世界上约存在600座活火山——它们都是在人类历史上曾经喷发过的火山。大多数火山是休眠或死火山。然而，即使一个已经休眠100万年或更久的火山也能在毫无任何征兆的情况下突然复苏。

火山爆发

大约在公元前1625年，历史上有记录的最强烈火山爆发发生在地中海克里特岛北部75英里处（约120千米）的希拉岛上。公元前3000～公元前1480年，克里特文明的前身在那儿呈现并繁荣。该文明突然瞬间地消失使得考古学家长期困惑不解。也许是火山爆发使得克里特岛及周围岛屿上的克里特文明灭亡。

岛屿下面的一个巨大岩浆房中的岩浆夹杂着海水源源不断地喷发，就像一个巨大的高压锅，火山就在它的盖子下面。因而，岩浆房空虚造成这个火山岛坍塌形成一个面积约30平方英里（相当于78平方千米）又深又有缺口的火山口。希拉火山的崩塌引起了摧毁东地中海海岸的巨大海啸，毫无疑问地导致了额外的死亡和毁灭。虽然初始的死亡人数并不算大，但克里特文明却从此一蹶不振并且迅速地衰败。

这场火山爆发非常猛烈，以至于在埃及都可以看到，在同样遥远的斯堪得纳维亚都可以听到。埃及肯定经历过一场从北方吹来的神秘灰烬风暴。这种漫无边际的灰烬也许应该为神圣的埃及人的瘟疫负责。大量浓厚的灰尘也许曾经被认为是破坏克里特文明的神秘之风。同时，根据《出埃及记》这本书记载，当摩西带领以色列人走出埃及时，"白天，上帝通过一片云引导他们；晚上，上帝通过一束火引导他们。云与火从未超出视线"。一些历史学家相信希腊诗人荷马根据火山爆发写的一些传记是属实的，如同相信把有关亚特兰蒂斯岛消失的传记归结为灾难的希腊哲学家柏拉图一样。

位于意大利那不勒斯南部约7英里（约11.2千米）的维苏威火山大概是世界上最著名的火山。目前，它是欧洲大陆上唯一的一座活火山。维苏威火山位于史前的一个较早的火山——苏玛火山的边缘，海拔高度约为4,000英尺（约1,200米）。即便地面震动且一缕缕蒸汽从火山口升起的现象持续了数年的时间，这座古老的死火山看起来也不具有任何严重的威胁。随后，公元79年8月24日，维苏威火山朝海的一面发生火山喷发，混合有水蒸气的炎热灰尘和致命气体向庞培市袭去。火山碎屑立即埋葬了人们。粗略算来，有16,000人因窒息死亡。

罗马学者老普林尼在这次火山爆发中丧生，当时他正在近距离地研究这座火山。他的侄子，罗马作家小普林尼最真实地描述了这次灾难。他写道：一朵奇怪的云从山上射出并向四周蔓延；伴随着强烈的地震，地面发生摇晃，那不勒斯海湾的水升降数次后冲上岸来；山顶很快消失在黑暗中；带有红色火焰的、不断地从火山口涌出的烟雾和闪电般耀眼的闪光划过山顶。8天时间内，这个黑色的云团蔓延到山脉周围的城镇，向地面倾泻了大量的热浮石和大团熔化的火山岩。

奇怪的是，尽管维苏威火山这次喷发如此强烈，并且在后来也不断爆发，但都没有发生与火山爆发有关的熔岩流动。然而，庞培市却被20英尺（约6米）厚的火山灰淹埋了；同时，沸腾的泥浆海淹没了赫库兰尼姆古城附近的城镇。1740年，一个挖水井的农民发现了被埋的庞培城。当考古学家开始发掘时，他们发现了各种各样的财宝和许多居住者的铸件。发掘出的人类化石脸上扭曲痛苦的表情展示了狂怒的火山带给人们的恐惧。

1631年，维苏威火山的再次爆发摧毁了附近的数个村庄，并夺走18,000条生命。这座火山于1661年再次爆发，带走那不勒斯4,000人的生命。1906年和1929年后期，维苏威火山强烈的喷发力将火山顶部吹走，摧毁了它周围的整个区域。1944年3月18日，第二次世界大战期间这座火山再次爆发（图41）。维苏威火山再次展示出20世纪最强烈的爆发力。这次爆发威胁到意大利盟军的入侵。军事准备一直被中断，直到那不勒斯几千

图41
1994年，意大利那不勒斯维苏威火山爆发（来自美国地质调查局）

居民撤离到安全地带。在火山基地附近的第十二军的轰炸机在原地就被破坏，且熔岩流大范围地损毁了空军基地。

　　位于西西里岛南部约200英里（约320千米）的埃特纳火山是欧洲最大最高的火山，海拔为10,902英尺（约3,271米）。古希腊人记载的有关埃特纳火山的爆发可以追溯到公元前数世纪。在漫长的历史长河里，埃特纳火山的多次爆发摧毁了许多城镇，夺走了成千上万人的性命。1169年的爆发使得15,000人葬身于卡塔尼亚附近城镇的废墟里。精确地说，500年以后，即

1669年，埃特纳火山的再次喷发又导致了20,000人死亡。1928年，埃特纳火山爆发摧毁了马斯喀特的城镇和南斯雅达几乎全部的村庄。但是，城镇居民拒绝放弃他们的葡萄园和农场，因为据说火山土是世界上最肥沃的土壤。1992年4月埃特纳火山发生了另一次壮观的爆发，当时熔岩流威胁着扎菲拉那埃特纳的西西里镇。通过修筑堤坝阻止熔岩流的方式，人们拼命地与火山的狂怒作斗争，以便使得熔岩远离家园。

印度尼西亚火山（图42）位居世界上最具爆发性的火山之列，历史上已经发生的爆发次数远远多于其他地区。1815年4月5日，伴随着一系列听起来像发射加农炮，且约450英里（约720千米）外就能听到的巨响的剧烈震动，松巴哇岛上的坦博拉火山开始喷发了。荷兰军队起初以为是入侵者在攻击他们附近的军事基地，调查结果仅仅发现了一座正在沸腾的火山。随后，4月11～12日，这座火山创造了最近10,000年来最强烈的火山爆发事件——向大气中喷发了约25立方英里（约40平方千米）的火山碎屑物。这次爆炸是如此剧烈，以致在位于其西部1,000英里（约1,600千米）的苏门答腊岛都能听到。

在松巴哇岛上12,000人中仅仅有少数人幸存，在临近的岛屿上有45,000或更多人额外丢失性命。大量遮盖天空的厚重的火山灰被带到300英里（约480千米）外的爪哇岛。这次火山爆发在全世界引起气候灾难、饥荒和疾病。在过去的400年里，与其他爆发相比，这次爆发仿佛向空气中释放了更多的火

图42
印度尼西亚火山位置

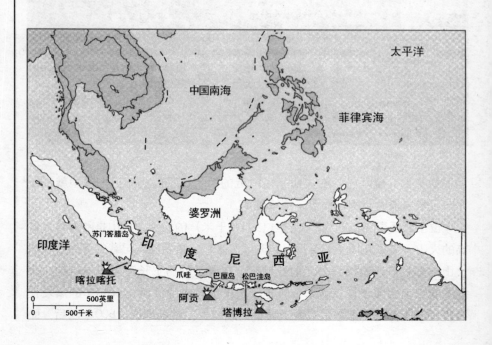

山灰尘，更加阻碍太阳光。夏天，过低的温度和令人窒息的严寒导致"一年没有夏天"。在新英格兰和西欧庄稼歉收，饥荒威胁着北半球的许多地方。

在现代史记载中，位于爪哇和苏门答腊之间的巽他海峡内的喀拉喀托火山岛发生过最强烈的爆发。1883年5月，休眠的喀拉喀托火山开始发生一系列的爆炸，在70英里（约112千米）外就能听到，喷发出来的火山灰遮蔽了太阳。平静至5月底以后，6月中旬再次开始发生大规模的爆发。这次的爆发甚至更剧烈，在爪哇和苏门答腊的许多地方都感到了地球震动。主火山口爆裂，在火山口里形成了10个正在喷发气体的新火山堆，喷发的浮石灰尘非常高，使得灰烬落在了300英里（约480千米）外的村庄。随后，8月27日，该岛被一系列的巨大爆炸几乎整体损毁，巨大的响声远在澳大利亚、斯里兰卡和马达加斯加都能听到。

当海水通过裂缝进入岩浆房时，也许是由于海水变成蒸汽快速膨胀导致火山爆发。在喀拉喀托火山最后一次震动以后，许多岛屿塌陷了，形成了海拔高度为负1,000多英尺（约300多米）的巨大海底破火山口。喀拉喀托火山爆发是一个大爆发造成岩浆层空虚的典型例子。在这个空腔里，数千英尺厚的火山锥顶坍塌下来在大洋底形成一个巨大的裂缝洞。

喀拉喀托火山的爆炸声传递到了3,000英里（约4,800千米）以外。它被称为目前世界上最吵闹的声音。当它产生的巨大声波围绕地球至少运动了3周以后，世界各地的气压计才记录下来空中的大气压力。在沿海地区，火山爆发引发了高达100英尺（约30米），可以夺走36,000人生命的强海啸。在喀拉喀托火山周围方圆100英里（约160千米），海啸淹没了低洼的地区，摧毁了城镇和村庄。这次海啸被远在英吉利海峡的潮汐仪记录下来。除了喀拉喀托火山的灰烬外，还形成一个名叫Anak喀拉喀托或喀拉喀托之子的新火山岛。该火山岛于1927年6月首次爆发。

位于西印度群岛中马提尼克岛上的培雷火山被认为是死火山，于1856年发生最后一次爆发，并没有形成大的危害。很久以前人们就不再害怕这座火山了，且把它看做是自豪的来源。旅游者甚至登上培雷火山顶端去欣赏位于火山口的美丽的蓝色湖。1902年4月23日，培雷火山开始发出骚乱的信号。伴随着偶尔降落的灰尘和土渣，巨大的烟柱开始升起，但是没有产生任何实际的危险。5月5日，星期一，连珠炮一样的蒸汽泥浆和熔岩突然流出火山口，流入到低处的山谷，摧毁了一座糖果加工厂，几十个工人死于这场灾难中。

5月8日，红色的火焰从培雷火山山脉中跃入天空，发出连续压抑的咆哮声，同时黑烟形成的庞大云层从火山口喷发出来。随后，巨大的爆炸掀翻了4,000英尺（约1,200米）高的朝海的一面火山锥。一片固体火焰从山上滚下来，朝着港口城市圣皮埃尔前进。炽热火山云夹带着令人窒息的烟扫过城镇飘向大海。炽热的冲击波点燃了它所接触的任何事物（图43a，b），甚至是停泊在港口的轮船。需要特别指出的是，在短短的几分钟内28,000人全部死亡。后来，考古学者发现几乎所有的牺牲者都用手遮盖着他们的嘴或保持着其他一些痛苦的姿势，这表明他们都是因窒息而死亡。同一时间，在圣文森特岛附近，由于拉苏弗里耶尔火山的爆发，15,000人丧失了生命。

位于华盛顿州的圣海伦斯山是一座古老的休眠火山，拥有几乎完美对称的火山锥。它位于从北加利福尼亚延伸到拥有另外15座活火山的南大不列颠哥伦比亚的喀斯开山脉里。在过去的4,500年里，圣海伦斯火山至少爆发了20次，最后一次爆发发生于1980年。1980年5月18日圣海伦斯火山的强烈爆发，是美国大陆几个世纪以来最大的火山爆发，破坏性超越了想象——200多平方英里（约520多平方千米）完全被火山爆发摧毁。

当圣海伦斯火山北部山坡突增400英尺（约120米）的时候，引起山脉上部侧面雪崩的火山爆发开始了。来自于火山口的热量融化了积雪，形成了对山坡危害极大的大量泥石流。带有飓风威力的横向气流从被削弱的北边侧面发出急速流到谷底，且行进了18英里（约28.8千米），摧毁了行进道路上所有物体。北面山坡发生了巨大的滑坡——这是历史上最大的滑坡之一，滑坡的物质冲入山谷下面的圣灵湖。周期性地从火山口喷出的熔岩流，以每小时超过70英里（约112千米）的速度沿着圣海伦斯火山北侧流进山谷。

圣海伦斯火山爆炸将其山脉顶部的1/3吹走，并向大气中喷射了1立方英里（约4立方千米）的火山碎屑物。在范库弗峰和大不列颠哥伦比亚都能感觉到由爆发引起的冲击波。灰烬被强盛行的风朝东北方带去，落到600英里（约960千米）外的蒙大拿。来自融化的雪及雨的洪水和泥流扫过图尔特河峡谷。满带泥土的、夹杂着圆木的洪水损毁了数座桥梁，阻塞了考利茨和哥伦比亚河的河道。这次洪水导致至少62人丧命，200人无家可归。当冲击波把附近的森林，包括足够建造80,000间房屋所需要的木材（图44）夷为平地的时候，总损失接近30个亿。

位于墨西哥南部恰帕斯州的欧尔契诺火山被认为是一座死火山，且在历史上一直是休眠的。在1982年3月28日，这座火山突然复活（图45）。欧尔契诺火山发射出高达平流层的巨大火山灰烬云，数英寸的灰烬覆盖了附近的区域。火山东边75英里（约120千米）的帕伦克城遭受了厚达16英寸（约40

厘米）的灰烬冲击。火山喷发出的熔岩流埋没了附近的村庄，杀死了1,700人，剩下60,000人无家可归。发生在4月4日的最后一次大爆发把由尘土和灰烬构成的浓云送到平流层。在3周的时间里，该云层以一个窄带的形式围绕

图44
1980年5月18日，被圣海伦斯火山爆发产生的横向冲击波摧毁的树木（由美国农业部森里布提供，J. Hughes拍摄）

图45
1982年3月28日，由于墨西哥恰帕斯州欧尔契诺火山大量爆发形成的破火山口（美国地质调查局提供）

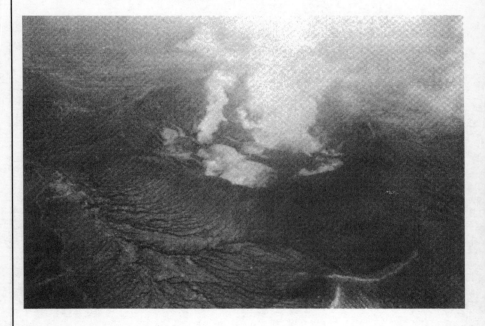

地球旋转了一周。值得注意的是，由于灰烬云与火山灰遮住太阳光，明显地降低了地球温度，所以欧尔契诺火山爆发对气候产生了显著的影响。

1991年6月15日，相同类型的爆发发生于菲律宾的皮纳图博山脉。这次爆发也许是20世纪最大的火山爆发。该次火山爆发向大气中释放了大约2,000万吨的二氧化硫,是欧尔契诺火山爆发的两倍。在头3个月的爆发期内,约有700人死亡,几万个家庭失去他们的家园。厚厚的火山灰埋葬了靠近火山的两个重要的美军基地,使得美军不得不永久地放弃这两个基地。火山爆发降低了地球的温度,很多人都怀疑1992年发生在全球的奇特天气,如"皮纳图博冬天",都是这座火山的罪过。

近代历史上,哥伦比亚的内华达德鲁兹火山成为最致命的火山。该火山属于横穿哥伦比亚西部的活火山链中的一座。在过去的3,000年间,此火山至少爆发了6次。发生在1845年的爆发使1,000人丧生。1985年11月13日的爆发产生了世界上最大的火山泥流。当阿雷纳斯火山口在海拔18,000英尺(约4,600米)的高峰喷发时,它融化了山脉的冰帽子。阿雷纳斯火山爆发使得洪水和泥流瀑布以每小时90英里(约144千米)的速度沿着它的四壁流入附近的拉古尼拉和钦其那河谷。

由泥和灰烬构成的130英尺(约39米)高的"墙"沿着阿雷纳斯火山下面的峡谷倾斜而下,向着30英里(约48千米)外的阿尔梅罗城前进。当泥流到达阿尔梅罗城时,10英尺(约3米)高的波扩散开来,快速地传过街道。由于泥流较大的密度,它带走途经的一切事物,包括树木、汽车、房屋和人。大量的泥沙几乎埋葬了整个城镇,杀死了23,000人,剩下60,000人无家可归。泥流也严重地损毁了13座较小的城市,那里约有3,000人丧命。阿雷纳斯火山爆发是20世纪第二严重的火山灾难。它的爆发与圣海伦斯火山类似,但是有一点明显不同——就是这座火山靠近人口稠密的区域。

地面下的火

世界上大多数的活火山集中在一个狭窄的条带上(图46)。地球表面岩石圈板块之间的相互作用是引起世界上大多数火山活动的主要原因。由于下降板块进入地球内部而形成的俯冲带处积累了大量从邻近大陆和岛弧上剥蚀下来的沉积物。这些沉积物被进一步带到地幔,在那里它们熔融形成底辟构造,它们继续朝地面上升形成岩浆体,为新的火山活动提供岩浆来源。

由于下降板块顶部的剪切活动提供热量,一些岩浆也可以来源于俯冲洋壳的部分熔融。夹在下降洋壳和陆壳之间的地幔楔由于受到地幔对流的影响迫使地幔物质上升,在浅处发生降压熔融。

侵入到地球表面的地幔物质绝大多数是黑色的玄武岩。世界上的600座

图46
全球活火山带

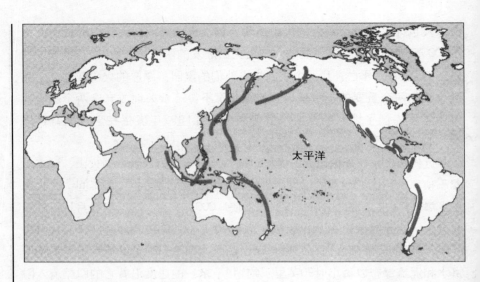

太平洋

活火山，大多数完全是玄武岩，或玄武岩占支配地位。位于可以形成新洋壳的洋中脊之下的地幔物质，大部分由富含铁和镁的硅酸盐橄榄岩组成。由于橄榄石在到达地面的过程中不断熔化，它一部分成了高度液态的玄武岩。形成玄武岩的岩浆来自于地表下60多英里（约96千米）处的上地幔中部分熔融的地带。在这个深度，半熔化岩石密度较小，因此，较之周围地幔的物质更具有浮力，慢慢地向地表上升。随着岩浆的上升，压力下降，更多的地幔物质熔化。挥发组分使得岩浆更容易的流动，如溶解的水和气体。

随着岩浆向地面上升，它补充进作为火山活动直接来源的岩浆房或分支岩管里。最靠近地表的岩浆房存在于洋中脊之下，在那里洋壳只有6英里（约9.6千米）厚或更少。宽大的岩浆房位于可以快速产生新岩石圈的快速扩张的洋中脊下面，如太平洋中的那些洋中脊。相反的，窄的岩浆房位于低速扩张的洋中脊下面，如大西洋中的那些洋中脊。

当岩浆房充满岩浆且开始膨胀时，由熔化的岩浆产生的浮力推动着扩张的洋中脊的顶层往上升。岩浆在洋中脊以蘑菇柱的形式涌出，岩浆上涌是板块分离的被动反应。实际上，只有岩浆柱中心的热量才足够到达地表。如果岩浆能够全部喷发出来，它可以形成大块的、数英里高的、可以与火星上最高火山相比拟的火山（图47）。

岩浆的成分表明了它的物质来源和位于地幔内的深度。地幔岩石的部分熔融程度、富硅岩浆的部分结晶化，及地幔中不同地壳岩石的同化混染作用都影响着岩浆的成分。当喷发的岩浆向地表上升时，沿着上升路径形成了各

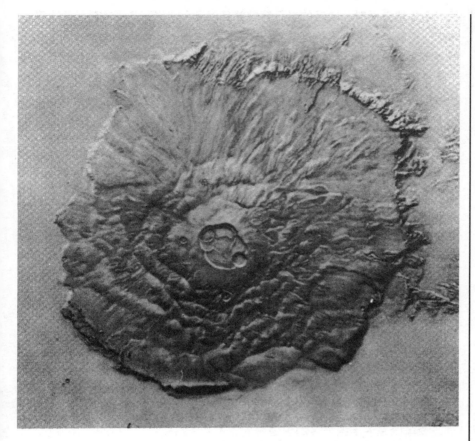

图47
奥林匹斯山是火星上
最大的火山，将近
310英里（约496千
米）宽，17英里（约
27.2千米）高（美
国地质调查局提供，
M.H.Carr拍摄）

种岩石类型。这就改变了岩浆成分，而岩浆成分是决定爆发类型的主要控制因素。

岩浆的成分也决定了岩浆的黏度和火山爆发的猛烈程度。当岩浆到达地表时，如果岩浆是高度液态，且含有少量挥发性气体，它就会产生玄武质熔岩。那么爆发通常是比较温和的。由这种爆发形成的两种熔岩是块状熔岩和绳状熔岩。这些是夏威夷火山的标志，以夏威夷火山为典型。然而，如果上升到地表的岩浆含有大量的挥发性气体，那么它将以非常强烈的、具有破坏性的方式爆发。

火山活动

大多数火山活动跟岩石圈板块边缘的地壳运动有关。当一个板块俯冲到另一个板块下面时，较轻的岩石熔融并且以巨大块岩浆的形式朝地表上升。随后，熔融的岩石进入位于活火山下面的岩浆房。俯冲带火山作用在大陆上形成火山链，在海洋中形成岛弧。如西太平洋中印度尼西亚火山和东太平洋中沿着中美和南美西部的那些火山一样，俯冲带火山是世界上最具有爆发性的火山（图48）。它们剧烈运动的本质归结为它们的岩浆富含由水和气体构成的挥发组分。随着岩浆向地表上升，压力下降，挥发物剧烈溢出，就如同巨大加农炮发射一样喷出火山。

由于澳大利亚板块向爪哇海沟中俯冲而形成的印度尼西亚坦博尔火山和喀拉喀托火山是俯冲带火山作用的典型例子。1991年，菲律宾皮纳图博火山的高强度爆发是由西太平洋板块俯冲到菲律宾海沟中引起的。日本是一个建立在86座活火山上，且人口密集的国家。这86座活火山包括云仙火山和有珠火山。近来，云仙火山和有珠火山由于太平洋板块俯冲到日本海沟中而爆发。阿拉加斯加火山中的卡特迈火山和奥古斯丁火山，以它们由太平洋板块俯冲到阿留申群岛海沟而引起的大量灰烬爆发而闻名。

太平洋西北部的喀斯凯火山是一个与卡斯卡底古陆俯冲带相关的强烈火山链。卡斯卡底古陆现在正被北美大陆所超覆。1980年，圣海伦斯火山爆发是这些火山展示喷发特性的好例子。圣海伦斯火山爆发的冲击波将200平方英里（约520平方千米）的国家森林夷为平地。在喀斯凯及世界的其他地方，火山爆发标志着新一轮喷发活动的开始。20世纪80年代这十年间发生了自1902年以来发生的最多的火山爆发灾难和人员伤亡。1902年，在6个月的时间里发生了3次火山喷发，使36,000人死亡。

与俯冲带有关的火山岩是细粒的灰色安山岩，富含硅。这意味着深源岩浆，可能深达地下70英里（约112千米）。这种岩石的名字来源于安第斯山脉。由于纳兹卡板块俯冲到秘鲁—智利海沟下面，安第斯山脉的火山爆发是非常强烈的。随着岩浆向地表上升，熔化的岩石进入火山岩浆房并喷出在安第斯山脉链上。

火山作用的第二种最普通形式是裂谷火山。这种火山约占所有海洋火山作用的80%。沿着洋中脊，岩浆从上地幔涌出，喷向海底。随着凝固于扩散边缘的岩浆稳步增加，离散的岩石圈板块长大。每年都会产生1平方英里（约2.6平方千米）多的新海洋外壳，约5立方英里（约4.2立方千米）的玄武岩。有时，大量的岩浆喷出海底，产生大量的新玄武岩。海底洋中脊处巨大海底裂缝爆发产生热水构成的巨大热水柱。山脊裂开，熔岩在海底扩张下剧烈喷发，同时大量的热水溢出。

图48
1968年11月尼加拉瓜西部的内格罗火山爆发，类似于西北太平洋中的喀斯凯火山链（美国地质调查局提供）

　　随着地幔上层暴露于地表，由于岩石圈板块的分离形成裂谷火山。这些火山产生大量的玄武岩流。东非大裂谷就是一个典型例子。它从莫桑比克海岸延伸到红海，在红海那儿，它劈裂形成埃塞俄比亚阿法尔三角洲。阿法尔三角洲也许是由位于热点之上的地壳隆升形成三联点的最好的例子之一。红海和亚丁湾代表了三臂裂谷的两个手臂，第三个手臂进入了埃塞俄比亚。在过去的2,500～3,000万年间，阿法尔三角洲一直伴随着火山作用发生，在海洋和陆地之间交替变换。

东非大裂谷是一个复杂的张性断裂系统，表明大陆处于断裂的初始阶段。在断裂过程中，随着大块的地壳沿着分离断层下降，大地震的隆隆声划过大地。由于恰恰位于变薄地壳下面的熔融岩浆膨胀，许多区域被抬升至成千上万英尺高。这个热源就是温泉和火山沿着大裂谷分布的原因。这些温泉和火山中有一些是世界上最大和最老的。

冰岛是大西洋中脊暴露在地表的部分。冰岛上的强火山作用形成的火山裂缝把它分成两部分。大裂谷形成一个陡峭的、被数个活火山侧面包围的V型峡谷，使得冰岛成为地球上火山最活跃的地方之一（图49）。通常，火山在冰川下面爆发，并将冰川融化，产生大量的洪水涌向大海。由火山活动产生的地热能为建筑物提供了90%的热量。如果没有地热能，冰岛将是一个非常寒冷无法生活的地方。

另一种火山作用是热点火山。这些火山存在于远离板块边缘的板块内部。这些火山的岩浆来源于地幔深处，可能接近地核最顶部。岩浆以巨大的地幔柱形式稳定上升。地幔柱如同分离的巨大热岩浆气泡一般穿过地幔上升。当地幔柱通过上下地幔的边界时，在地面下约400英里（约640千米）处，球状岩浆体头尾分离，上部向地表上升。在几百万年之后，这里往往又产生两处同样的地幔柱，在这里又产生一到两个火山。

也许热点火山作用最好的例子是形成于夏威夷群岛的火山。显而易见，它们约于500万年前开始由同一地幔柱产生。因为太平洋板块以每年约3英寸（约7.5厘米）的速度跨越这个热点向西北方向运动，所以夏威夷群岛就像被固着在传送带上移动一样。基拉韦厄火山，它的夏威夷名字叫做"多扩展的"，自1983年以来几乎连续爆发。它的熔岩流已经覆盖了近40平方英里（约84平方千米），在夏威夷海岸增加了约300英亩（约1.2平方千米）的新土地。事实上，基拉韦厄火山已喷出比1980年圣海伦斯火山爆发多得多的火山岩。

太平洋中也有与夏威夷群岛相类似的火山岛链，延伸方向也与夏威夷群岛一致，包括马绍尔-吉尔伯特群岛和奥斯垂及图阿莫图海山。火山呈链状贯穿在板块内部，当岩浆流从这些孤立的火山构造中涌出的时候，海山就形成了。在太平洋下面，有10,000多座海山从海底升起。然而，只有少数岛屿可以露出水面，如夏威夷岛和其他一些太平洋岛屿。

在大西洋西部，百慕大岛大致沿东北方向延伸，与美国东部外海大陆的边缘平行。百慕大岛几乎有1,000英里（约1,6千米）长，高出周围海底约3,000英尺（约900米），它是2,500万年前火山爆发停止时最后形成的火

图49
1973年间，冰岛黑迈火山爆发，熔岩流吞噬了一个建筑物一部分（美国地质调查局提供）

山。这一微弱的热点不能穿透北美板块，只能利用早期洋底的破裂构造作为上升的通道。这就可以解释为什么火山的走向与板块运动方向近乎垂直了。

远离加拿大的西海岸，鲍威海山是水面下沿西北走向中最年轻的火山。它形成于一个直径将近100英里（约160千米）位于海底深部400英里（约640千米）的地幔柱。然而，不像平常那样，地幔柱位于海山的正下方，这个地幔柱位于火山东部约100英里（约160千米）处。地幔柱可能沿一倾斜路径向上，或海山可能跟着热点的位置运动。

在大陆上，热点留下一条清楚的火山踪迹。位于北美大陆下面的热点为45英里（约72千米）长、25英里（约40千米）宽的黄石破火山口提供能量。此热点可以被追踪至爱达荷州南部的蛇河平原。在过去的1,500万年中，北美板块骑跨在热点上向西南方向行进，目前热点暂时位于黄石的下方。最近的200万年里，在这个区域内出现了火山活动的三个主要阶段。这三个阶段被列入自然界的最大灾难之中，并且另外一个重大的喷发活动正在酝酿当中。

所有热点中有一半以上位于大陆之下。它们形成了直径超过100英里（约160千米）的鼓丘或穹隆，占地表总面积的10%左右。几乎所有热点形式的火山作用都发生在宽广的穹隆区域或岩浆靠近地表的穹隆区域。当大陆板块悬浮于许多热点之上时，由下面深处涌出的熔岩在地壳上形成穹隆形的穹隆构造。持续增长的穹隆发展成大裂缝，岩浆沿着这些裂缝上升到地表。非洲的热点最为集中，这也可能是非洲大陆不寻常的地形的形成原因，盆地、穹隆、高原众多。

单个火山喷发可以产生几立方码到多达5立方英里（约21立方千米）的火山物质。这些物质包括熔岩、热的固态火山碎屑（图50），伴随着大量水蒸气和气体喷出。裂谷火山约占世界上活火山的15%，它们每年产生约25亿立方码（约1.8立方千米）的火山物质，主要为海底的玄武岩流。俯冲带火山每年产生约10亿立方码（约0.7立方千米）的火山物质，绝大多数是火山碎屑。80%的俯冲带火山（约400座）存在于太平洋里。热点火山每年产生约50亿立方码（约3.6立方千米）的火山物质，绝大多数是海底的玄武岩流、陆地上的火山碎屑和熔岩流。

依赖于爆发类型，火山有各种形状和尺寸。坡度陡峭的火山锥相对矮些。这些火山锥是由剧烈喷发的大量的浮石和火山灰一层一层沉积而成。1943年2月20日，在墨西哥市西200英里（约320千米）的帕里库廷镇的麦田里形成了近期最奇怪的火山之一。仅仅在10周之内，火山锥就达到了1,100英尺（约330米）高，方圆好几百亩（图51）。

图51
1943年6月28日，墨西哥米却肯州帕里库廷火山爆发（美国地质调查局提供，W.F.Foshag拍摄）

　　如果火山只从中心口径或裂缝中喷出熔岩，那么就会形成宽大扁平的盾状火山，类似于夏威夷岛上的莫纳罗亚山（图52）。莫纳罗亚火山是世界上最庞大的火山山脉。它形成了海拔13,675英尺（约4,102米）高的巨大倾斜岩丘，由约25,000立方英里（约105,000立方千米）的熔岩构成。

25,000立方英里（约105,000立方千米）的玄武岩熔岩溢流开来，覆盖了1,000平方英里（约2,600平方千米）的区域。基拉韦厄火山是夏威夷火山中最年轻的火山，它从莫纳罗亚火山的侧面喷发，并快速生长得比它的"母体"还要大。北部的莫纳克亚山碰巧是世界上总高度最高的山峰。它从海底隆起33,000多英尺（约9,900米），随后浮出海平面13,800英尺（约4,140米）。

位于加利福尼亚俄勒冈州北部的是几个穹隆形的火山，如莫诺－印尤火山，宽3或4英里（约4.8或6.4千米），高1,500～2,000英尺（约450～600米）。熔岩由于较黏稠较重而不能流很远，穹隆使得熔岩在火山口周围不断堆积从而使熔岩穹隆长得很大。一般，熔岩穹隆以背驼式的形式与大的复合火山口一起产出。穹隆典型例子就是加利福尼亚的莫诺穹隆和拉森山峰。

熔岩穹隆爆发是危险的。就像从管子里挤出牙膏一样，当黏稠状的熔岩间断性地从火山喷出时就形成穹隆。1980年末，在圣劳伦斯山脉一个熔岩穹隆开始形成。到火山活动停止时，它已经长到约900英尺（约270米）高了。

图52
夏威夷莫纳罗亚火山
（美国地质调查局提供）

如果熔岩穹隆在爆发过程中塌陷或坍塌，那么它们就会引起相当大的威胁，当它们形成陡峭的斜坡时，威胁时常发生。1997年，在苏弗里耶尔火山爆发期间，这种情况就发生在西印度群岛中的蒙特塞拉特岛。它为已经饱受苦难的人们增加了更多的痛苦。

喷发出火山灰和熔岩混合物的火山被称为层状火山，层状火山可以形成最高的火山锥。圣海伦斯山脉就是这样的火山。强烈喷发的火山灰伴随着相对温和的熔岩流使火山侧面不断加高，最终使火山长到惊人的高度。这些火山通常都以毁灭性的方式，如剧烈喷发或者是灾难性的坍塌到空虚的岩浆房中，来结束自己的生命。

如果这样的塌缩发生在海边，它会产生一个具有毁灭性的海啸。海啸造成死亡人数的1/4应该归因于引发海啸的火山爆发。强有力的波浪能够把火山的能量传递到火山本身不能到达的地方。涌入大海的巨大碎屑流和火山爆发引起的山崩也能够产生海啸。1972年，在日本云仙火山爆发之后的地震期间，火山的一面坍塌进海湾。它产生了高达180英尺（约54米）的巨大海啸。海啸把海岸边的城市卷入大海，并使15,000人消失得无影无踪。

气体爆炸

中非喀麦隆西北部，火山峰和山谷地区被茂盛的热带植物所覆盖。1986年8月21日，诺由斯湖—— 一个深的火山口湖发生火山爆发。沿着山坡溢出的喷发气体释放出含有二氧化碳、二氧化硫、硫化氢和氰化物的致命有害气体。气体慢慢扩散开，从湖边顺风飘散了3英里（约4.8千米）多的距离。炽热使湿润的气体粘在人们疯狂想脱掉的衣服上。在10平方英里（约26平方千米）的区域内，气体使几乎所有的村民立即窒息，使20,000人、成千上万的牛和其他动物丧失生命。

灾难可能来自于湖底裂开，强压下释放出火山气体引发的地球震动。气体释放产生猛然突破湖面并喷射到空中达500英尺（约150米）的巨大水流。这也许可以解释为什么会在湖面上250英尺（约75米）高的斜坡上发现被砸倒的植物。湖底沉积物都被搅拌起来，整个湖水都变成了混浊的红褐色。另外，湖水的温度升高了10℃。两年前，同一个山脉中的马莫姆湖发生类似的爆发，37人丧生，表明诺由斯湖的灾难不是偶然发生的事件。

1912年6月1日，20世纪最强烈的火山爆发之一在阿拉斯加州卡特迈山脉引起了一系列的巨大爆炸。这次火山爆发使卡特迈西边的盆地发生了巨大的凹陷。这个盆地被黏稠的柱状熔岩（直径800英尺，约240米，高约200英尺，约60米）所充填。熔岩也覆盖了邻近的山谷，大块的橘黄色的熔岩长12英里（约19.3千米），宽达3英里（约4.8千米）。成千上万个喷气孔（火山气流出口）从熔岩流中涌出，喷出的热水汽高达1,000英尺（约305米）。探险家们发现了这一奇迹，把这一地区命名为"万烟谷"。

通常，喷气孔是火山地区中位于地球表面的强烈喷发热气的出口。它们存在于熔岩流表面，位于破火山口和活火山的碗状凹陷中，或者是热的岩浆侵入的部位。喷气孔内的气体温度可以达到1,000℃。地表下浅处存在一个大的缓慢冷却的岩浆体持续不断地提供热源是喷气孔和温泉存在的前提。美国黄石国家公园因它有许多喷气孔和喷泉而闻名于世（图53）。

热水和蒸汽来自从岩浆和挥发物中直接释放出的岩浆源水，或来自渗进附近岩浆体的地下水。岩浆体通过对流把渗进的地下水加热。从岩浆体中释放出的挥发物也可以从下面加热地下水。一般情况下，大多数气体由水蒸气和二氧化碳组成，带有较少量的氮气、一氧化碳、氩气、氢气和其他气体。也存在另外一种类型的喷气孔，被称作硫质喷气孔，源于意大利语，意思为"硫地球"，喷发的气体中硫气体占支配地位。

被封闭的气体强烈释放的另一个结果是喷发。位于俄勒冈州喀斯凯山

图53

怀俄明州黄石国家公园中剧烈爆炸的地震喷泉（美国地质调查局提供，D.E.White拍摄）

脉地面上的孔是一个巨型火山气体喷发的位置，这次喷发产生了一个巨大的火山口。火山口是一个直径达几千英尺近完美圆形的凹陷，边缘高出周围地形几百英尺。由于一些不明的原因，多数火山口不长植物。另一个被称为优比喜比火山口的火山结构是加利福尼亚死亡之谷中令人印象最深刻的景象之一。约1,000年以前，火山喷发形成火山口。当熔融的岩浆上升与浅处的地下水平面接触的时候，会将水流汽化，压力积累爆炸将地面吹开一个巨大的洞。

高压下被圈闭的气体位于海底之下。随着压力升高，气体在海面下爆炸，碎片大面积的扩散，在海底形成巨大的火山口。该气体以大块气泡的形式涌向海洋表面，当到达空气中时气泡爆炸，在海洋上形成厚厚的泡沫。1906年，在密西西比三角洲西南部的墨西哥湾的水手们，目睹了这种气体的释放，在海面上形成巨大的泡沫。

对密西西比三角洲西南部的墨西哥湾更进一步的勘测发现水面以下7,000英尺（约2,100米）的海底处有一个大火山口。椭圆形的火山口长1,300英尺（约390米），宽900英尺（约270米），深200英尺（约60米），并且坐落在一个海底小山上。火山口坡基处堆积有200多万立方码（约140多万立方米）的火山喷发碎屑物。显然，气体在海底沿着裂隙向上运动，并在一个不透气的屏障下聚集。最后，随着压力的增大，气体吹掉了它的覆盖物，形成巨大的破火山口。同样地，在路易斯安那外海的海底，有大量的破火山口，它们都是由埋藏的盐类沉积的爆发而形成的。

危险的火山

美国西部有大量危险的火山。一些火山可能正在从长期的睡眠中醒来，如圣海伦斯火山。为了使剧烈的火山喷发平静下来，甚至50,000年的时间都不够长。它们中的一些在沉睡了100万年后已经苏醒过来了。预测火山未来的爆发需要通过研究它的岩石确定一个火山过去的行为。然后，我们可以根据火山灾难的降低顺序来把火山分组。

在美国，有超过35座的火山未来可能不定时地爆发，大部分位于卡斯喀山脉（图54）。最危险的火山是平均每200年就爆发一次的火山，或是在过去的300年已经爆发了的火山，或者同时具备这两种特点的火山。这些包括圣海伦斯火山、莫诺-印尤火山口、拉森峰、沙斯塔山、雷尼尔山、贝克山和胡德山，它们的危险程度依次降低。因为雷尼尔火山的位置靠近西雅图、

图54
未来有可能发生火山
爆发的地方

塔科马和华盛顿，所以它在将来会是威胁美国的最大火山灾难之一。过去，雷尼尔火山的主要部分已经坍塌了，产生的滑坡和泥石流扫过低洼的地区，但是现在那里是10,000人的家园。

危险系数次之的火山是喷发周期大于1,000年或最后一次爆发发生在1,000多年前的火山。这些包括三姐妹山、新贝里火山、药湖火山、火山口湖火山、冰川山峰、亚当斯火山、杰斐逊火山和拉库林火山。第三大最危险的火山是最后一次爆发发生在1,000多年以前而仍然位于大型岩浆房上部的火山。这些包括黄石破火山口、大峡谷破火山口（图55）、清湖火山、柯索火山、旧金山峰和新墨西哥的索科罗。

近年来的火山爆发地质图表明75个火山活动的中心以较宽的条带式排列。它们从加利福尼亚、俄勒冈州和华盛顿北部的卡斯喀山脉向东穿过爱达荷州延伸到黄石并沿着加利福尼亚和内华达州边缘分布。另外一个带从犹他州南部穿过亚利桑那州向新墨西哥延伸。因为500万年前的火山活动样式非常类似于10,000年以前火山活动的样式，所以所有的活动中心在将来都具有爆发的潜力。另外，新的活动中心也许任何时候都可能在这些带中形成。

历史的记录表明，在上个世纪，除了1980年圣海伦斯火山的爆发，仅仅有两次其他的火山爆发发生在卡斯喀山脉。1906年，一次小的火山爆发发生在俄勒冈州胡德山。加利福尼亚拉森峰的几次壮观的爆发发生于1914～1917年（图56）。在1832～1880年，贝克山、雷尼尔山、圣海伦斯山和胡德火山喷发火山灰或熔岩。每座火山的爆发周期是10～30年，也许同一年3座火山爆发同时喷发。然而，自从圣海伦斯山最后一次苏醒过来之后，这些火山的

图55
加利福尼亚州大峡谷上破火山口的地质图，其他位于莫诺郡猛犸湖区火山的中心和主要断层（美国地质调查局提供）

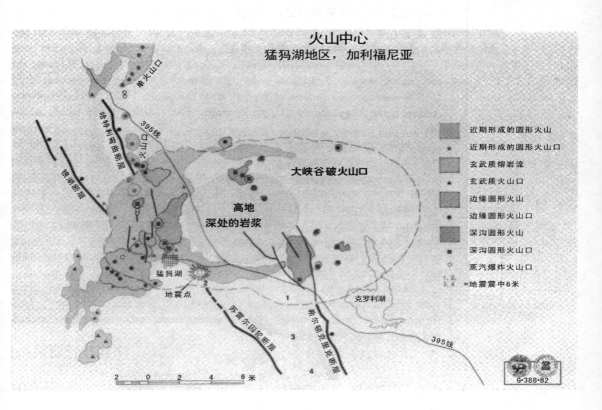

图56
1915年5月22日，加利福尼亚州沙斯塔郡拉森火山爆发（美国地质调查局提供，B.E.Loomis拍摄）

爆发就没有一个能够与它的爆发相比了。

  在讨论了火山的喷发方式、喷发原因和喷发地点，以及与之伴随的火山活动如火山灰、泥石流和洪水之后，下一章我们将研究地球运动带来的大的地质灾害，包括滑坡、泥石流和土壤侵蚀等。

4

地球运动

边坡物质的破坏

本章主要讨论由地面破坏而引发的地质灾害。几乎所有的地球运动彼此之间都是相互影响的，比如滑坡及其相关现象，包括岩体崩塌、泥石流、土流、液化、下陷等，它们都是相互伴生的。但是，由于这些危险的地方大多都是人类的居住地，随着人口越聚越多，这些灾害的破坏性也就不断地被放大。

边坡是最常见也是最不稳定的地形。在特定的条件下，甚至在平缓的边坡上都能出现地面崩塌现象，引起地表的剥蚀。因此，边坡具有很大的活动性，它在地球表面只是短暂的存在，边坡上的物质总是处于不停的活动之中。边坡物质的滑移速率可以有很大的变化，小到人们难以觉察的土和岩石的蠕动，大到速度极快、常带来人畜伤亡和巨大破坏的灾害性滑坡和崩塌。

滑坡

　　滑坡是指土和岩石物质在重力的作用下沿坡面迅速地运动（图57）。滑坡多由地震和灾害性天气诱发，其主要的运动方式有：滑落、倾翻、滑动、张裂、流动等。基岩上部覆盖层的滑动称为碎屑滑动，是对人类生命安全最具威胁的一种滑动类型。

　　坚硬的岩石在下覆软弱层上的滑动叫做岩体滑动或岩体崩塌。这类滑动的上覆岩层为坚硬岩石，下面存在一个软弱层，因此结构十分不稳定。如果块体物质沿着一个曲面下滑，坚硬的岩石前端就会向上翘起，而软的物质则流出并堆积在基部。陡坡上的物质发生滑移，在滑坡处形成一个新的悬崖，从而为下一次的滑移做好了准备。所以说，滑移是一个连续的过程。在通常情况下，滑坡可以将岩石物质搬运到很远的地方，为下一次滑坡留出了足够的空间，这就使得所有的悬崖都处于一个不稳定的状态，而且相对于整个地质时期而言，它们只是短暂存在的地形地貌。

　　在剪切力（面－面接触）的作用下，滑坡一般发生于地球物质的软弱面处。最初，常常在有水注入的情况下，造成斜坡上的剪切力增加，岩石抗剪切强度降低，滑坡就会发生。水总是直接或间接地影响着滑坡的发生，水可以使岩石风化，缓慢降低地表岩石的抗剪切强度，风化使岩石变得不稳定，这种现象在含有石灰岩的地区特别明显，因为石灰岩可以在酸性的雨水中慢

图57
1925年6月23日怀俄明州林肯县的大牧场滑坡（本图由美国地质调查局的W.C.Alden提供）

慢地溶解。

边坡地层的稳定性是由其几何特征、土的组分、结构和构造共同决定的。孔隙压力和水成分的改变能够减弱岩层之间的摩擦。斜坡能够保持稳定的最大自然坡角叫做休止角，当斜坡变得过度陡峭的时候，通过自身调节作用，触发滑坡而使边坡重新回到能够稳定的临界状态。因此，沉积物的堆积数量与滑坡带走的物质的数量一致。

岩石、泥土或含雪的颗粒在重力的作用下沿边坡滑落，下落过程中它们彼此相互摩擦或与地面发生摩擦，这种相互作用使得颗粒改变了运动方向，同时因摩擦而损失能量。通常情况下，边坡的倾角越小，物质流中的摩擦力就越小。在滑坡底部与基岩接触的地方颗粒因摩擦而减速，但上层的颗粒会杂乱无章地从下层的颗粒表面滑过。鉴于这种运动方式，边坡的物质流更像是颗粒之间相互碰撞的高密度气体，而不像实际上的液体。

大多数滑坡不像其他自然灾害那样壮观，但它们的分布更为普遍，而且滑坡常伴随着其他地质灾害一起发生，如地震、火山爆发和洪水等，在世界各地都造成了巨大的经济损失和人员伤亡。美国最严重的滑坡一般都发生在巨大的山脉区，比如阿巴拉契亚山脉、落基山脉和环太平洋山系。

海浪不断地底切海岸悬崖，最终使悬崖崩塌落入海中，这就是海岸滑坡。海岸和非海岸的地质营力共同使海岸悬崖不断地崩塌后退，海岸地质营力包括波浪冲击、风沙的喷射和矿物的溶解；非海岸的地质营力包括化学和物理过程、表面流水和大气降水，物理的侵蚀过程主要依赖于岩石裂隙处水的冻融循环，可以使裂缝扩大，进一步使岩石弱化。

风化作用将岩石分解，或者通过层裂作用不断地使岩石表层脱落。动物的活动促使松软的岩石和洞穴风化，并使裂隙遍布于岩石之中，这会加速海岸的侵蚀。长期的地表径流和风吹雨淋也会使海崖慢慢溶蚀。沿海地区大量的降水润滑了沉积层，使得大块的岩石滑入海中。海崖表面常常有一些凹槽，这是由于风中的湿润水汽和悬崖边缘的水流造成的。

海浪直接拍打海崖底部松软的基岩并不断发生底切，这会造成上覆岩层因缺少支撑而崩塌在海滩上，如果岩石中节理面和断层面发育，海浪会使大块的岩石和土壤松弛崩塌。此外，风也携带着海浪侵蚀下来的砂粒拍打海崖，加速海岸侵蚀。海岸上多孔的沉积岩吸收海水，水分蒸发而盐分留下就形成晶体，这些晶体的生长膨胀又使得岩石进一步风化。悬崖的表面物质被缓慢地剥落并掉到下面的海滩上，堆积在悬崖的基部形成一个由岩石碎块组成的倾斜岩屑堆。

　　每年滑坡对高速公路、建筑物和其他设施破坏带来的直接损失，加上因此造成的生产力降低而带来的间接损失，总计可达数十亿美元；在人口密集的地区，一次大的滑坡就足以造成上千万美元的损失。幸运的是，由于美国的灾害性滑坡大都发生在人烟稀少的地区，所以不会像世界上其他地方那样造成大量的人员伤亡。例如，1983年春天，暴雨造成犹他州的沃萨茨山脉发生滑坡，掩埋了高速公路和铁路等交通设施，并形成一个堰塞湖，威胁到湖水下游的居民安全，迫使500人离家迁移。

　　唯独加利福尼亚州与众不同，发生在那里的滑坡很多，而且都在人类聚集区，因此人们对州内的滑坡都非常的警觉（图58）。单在洛杉矶盆地，成千上万的滑坡就造成了相当大的财产损失。通常情况下，暴雨和洪水将洛杉矶山坡破坏并引发滑坡，居住在这些不稳定地区上的居民，就不可避免地遭受严重的损失。为了应对这些连年不断的破坏，政府开始着手处理这些发生在山区或丘陵地区的非地震地质灾害。他们通过了一项滑坡防治法案，要求新的建筑位置必须经由合格的地质专家检查通过。

　　滑坡主要由地震触发。滑坡影响区域的大小是由地震的震级、断层附近的地形和地质条件，以及地面振动的幅度和持续时间共同决定的。在以前的地震中，在烈度低至3～5级的地方，滑坡也多有发生。在1959年造成26人丧

图58
美国南加州太平洋帕利萨德地区民房下不稳定地基的滑坡（本图由美国地质调查局的J.T. McGill提供）

图59
1959年蒙大纳州麦迪逊县的麦迪逊河谷滑坡（本图由美国地质调查局的J.R.Stacy提供）

生的蒙大纳州赫伯根湖地震中，一个由北到南的大滑坡，在山坡上凿出一个巨大的滑痕（图59）。碎屑流前冲翻过河谷的南侧，堵塞了麦迪逊河并形成了一个巨大的湖泊。

地震引发的滑坡常常导致大面积的破坏。1964年耶稣受难日，阿拉斯加发生地震，滑坡和地面沉降对建筑物和其他设施造成了巨大的破坏，瓦尔迪兹和苏厄德的地面发生垮塌，两个滨海区都向海面滑移并夺走了31个人的生命。在安克雷奇，滑坡造成了5,000万美元的财产损失，大片房屋被破坏，200余公顷（约2平方千米）的土地被带入海中。这次滑坡把这一地区完全夷为平地，人们因此在这儿立碑纪念，命名为"地震公园"。

1971年，加利福尼亚的圣费尔南多大地震，在偏远山区100多平方英里（约259平方千米）的面积上形成了近千处滑坡。1976年的危地马拉城地震，在该地区6,000平方英里（约15,540平方千米）内引发了约10,000处的滑坡。1987年3月5日，正是雨季的厄瓜多尔发生了地震，引发大规模的泥石流，掩埋了山区附近的大片村庄，造成了1,000多人死亡。

河流、冰川、海浪或洋流的剥蚀作用会引起边坡横向支撑的破坏，这也会引起滑坡。这些滑坡最初是由边坡的前期破坏和人类活动引起的，比如挖掘和其他形式的建筑。大量的雨水、冰雹、降雪使荷载过重，同样也会造成地面的滑动。除此之外，建筑物和其他构造的质量过重，也会引起边坡的破坏，发生滑坡。

其他常见的滑坡诱发机制包括炸药爆破（破坏边坡内部的固有结构，扰动边坡之间的正常连接）、边坡过载（使得边坡不能够荷载新的重量）、坡底侵蚀以及大气降水和冰雪融水的过饱和。水的加入加重了边坡的负载，降低了岩石内部之间的固结性。不过，水作为润滑剂对滑坡的贡献非常有限，它的主要作用是当岩石颗粒之间充满水时，使得岩石的胶结性丧失。

在火山地区，地震活动和火山喷发带来的隆升作用，会造成火山周缘尚未固结的厚层火山碎屑物质发生滑塌。火山地区滑坡的分布主要受该地区地震活动强度、岩石扩容（地面移动引起）、岩石类型、坡度大小、裂缝以及岩石的其他破裂等因素的影响。大范围连续的暴雨也会诱发滑坡和泥石流。

即使是处于休眠期的火山也可能变得不稳定，有可能引起整个山坡的垮塌。曾一度很坚硬的火山岩会随着时间的流逝而逐渐变软、碎裂，在自身的重力作用下发生滑动。火山本身也会给下部的沉积物施加一个巨大的压力，使它们从火山底部的一侧被挤出，这使火山在基底各处形成不均匀的压力，很可能引起岩石破裂，最终导致大规模的垮塌和滑坡。许多人口密集的大城市都位于可能发生滑坡的火山附近，如西雅图和墨西哥城等。

圣海伦斯火山在1980年喷发时，山的一面直接滑落下来，被称为是现代历史上最大的滑坡（图60）。岩石碎屑填满了山下那个5英里（约8千米）长4英里（约6.4千米）宽的山谷。巨大滑坡山体的一个侧臂横扫过火山底部的斯比利特湖并冲入前面的山谷之中，滑移距离达18英里（约29千米），所过之处，所有的东西都荡然无存。大规模的泥石流从火山斜坡上奔流而下，洪流夹杂着岩石碎屑发出巨大刺耳的声响涌入考利兹河和哥伦比亚河，并被带入太平洋。

据文献记载，滑移距离最长的滑坡是发生在距今18,000年前的墨西哥内华达科利马火山滑坡。科利马滑坡滑移了75英里（约121千米）后进入太平洋，然后又在太平洋中向前滑行了75英里（约121千米）。几个世纪前，埃特纳火山西缘的沃尔德堡文火山口的东侧发生斜坡滑塌，地面移动使火山口

图60
1980年5月18日年圣海伦斯火山喷发引发的滑坡和泥石流影响的区域。图中展示的是斯比利特湖（本图由美国农业部森林管理局的Jim Hughes提供）

变得不稳定，最终导致了岩石滑塌、泥石流以至大规模的火山喷发。

几千年前，在阿拉斯加安克雷奇西南175英里（约282千米）处的库克港湾中，奥古斯丁火山（图61）形成了一个由火山岩和火山灰烬组成的小岛。每隔150~200年，火山就会发生一次大的垮塌沉入海中，并引发大海啸，在过去的2,000多年间火山周缘发生了十余次大型的滑坡。最近的一次滑塌发生在1883年的10月6日，火山爆发使大块的岩屑从火山的侧翼滚落，滑入库克湾，并在54英里（约87千米）外的格雷厄姆海港引发了30英尺（约9米）高的惊涛骇浪，摧毁了大量的船舶和房屋。后期的火山喷发填充了上次滑坡留下的空隙，使火山变得一直不稳定，为下次的滑坡做好了准备。如果下次滑塌真的发生的话，将会使火山的北部滑落坠入大海。产生的大海啸将会扑向沿海城市以及建在海湾中的石油钻井平台。

1986年3月27号，奥古斯丁在沉寂了10年之后苏醒了。火山最初喷发的灰烬直射云霄，高达9英里（约14.5千米），其后火山连续稳定地向外喷发火山灰烬和气体，火山灰像乌云一样向北蔓延，扩散到600英里（约966千米）远的远方，炽热明亮的火山灰使凯纳小镇上的摩托车不能上路。火山灰十分浓厚，遮天蔽日，变白昼为黑夜，使火山东部70英里（约113千米）外的霍默镇在白天都路灯大开。如果有火山爆发，碎屑物质沿其侧面滑入海湾，这一般都会引发海啸，至少在过去这种情况时常发生。

另外一种滑坡运动就是火山碎屑流，主要由干热的岩石碎屑组成，可以像流体一样快速下滑。其流动性取决于炽热空气以及其他气体与岩屑的混合，它们叫做nuee ardente（法语词），即"炽热云"。它们经常是由大的炙热的岩石碎片突然上翻滚出火山的边缘形成的。碎屑流速度高达100英里/小时（约161千米/小时），流入沟谷，在下游堆积形成巨厚沉积。因为它们具

有很大的流动性，碎屑流可以影响到火山周围方圆15英里（约24千米）或者更远的地方。快速流动的炙热岩石碎屑将途经的一切掩埋并烧成了灰。火山灰和气体笼罩了周围相邻的处于下风位的地区，使人畜烧伤和窒息。

　　滑坡有时也叫雪崩，但这特指冰川、冰雪的滑动。雪崩可以由地震、响声或者滑雪者诱发，常常发生在陡峭雪坡上，当新鲜的雪覆盖在旧的积雪之上时，雪崩现象尤其频繁。1970年5月31日，在秘鲁的安第斯山中，里氏7.7级的地震诱发了一个十分壮观的雪崩，冰川雪流夹杂着岩石碎块，形成了一个宽达3,000英尺（约914米）长达1英里（约1.6千米）的冰舌，伴随着震耳欲聋的咆哮声和强烈汹涌的空气巨响向山坡下快速奔涌。摩擦生热使冰发生部分熔融，促使流动更加迅速。雪崩在4分钟（或许更少）内前进了近10英里（约16.1千米）的距离到达永盖镇，并将它埋入无数的碎石之中。

　　无数的冰川漂砾被搬运出距离山谷2,000英尺（约610米）远的地方，有的达几吨重（图62），它们的存在说明了冰川雪流的速度必须高达250英里/小时（约402千米/小时），如此体积和速度的巨大块体使它前进势如破竹，轻易地越过那些矮小的障碍物，比如山谷和永盖镇之间的高600英尺（约183米）的小山脊。雪流穿过河谷并上升175英尺（约53米）到达对岸，对另一个村庄也造成了部分破坏。垮塌的山间湖泊和雪崩使圣诞河的水位急剧上升，洪水泛滥并激起了高达45英尺（约14米）的巨浪，洪水又使灾难进一步加剧。到冰川雪流结束时，共有18,000人在这场大灾难中丧生（图63）。

图62
1970年5月31日秘鲁安
第斯山雪崩中带下来
的大型冰川漂砾（本
图由美国地质调查局
提供）

图63
1970年5月31日秘鲁地
震引发雪崩对瓦拉兹
村庄造成的破坏（本
图由美国地质调查局
提供）

1995年1月16日，在印度北部克什米尔地区的喜马拉雅丘陵地带，暴风雪使几千人陷入困境，他们把汽车丢弃在单线高速公路上，在一个1.5英里（约2.4千米）长的隧道内躲避暴风雪，可是在没有任何征兆的情况下发生了雪崩，将这一地区全部埋入积雪之下。只有一部分人在上万吨的积雪将隧道完全封死之前逃了出来。几天之后，当援救者使用推土机和铁锹挖开积雪时，他们惊恐地发现，隧道里堆满了被冻僵的尸体。

岩滑

岩滑（图64）一般具有巨大的破坏力，因为它可以携带无数巨大的岩石，而且大块的岩石在下滑过程中被破碎成无数的碎块。岩屑物质像流体一样向低洼处流动。岩流的能量巨大，能够滑移相当大的一段距离，如遇到山体阻挡，也可以冲到山谷之上。当岩石的破裂面（如岩层面或节理面）平行于坡面的时候，岩滑就比较容易发生。如果山坡已经被河流、冰川或者建筑工事破坏的话，滑坡更是一触即发。

1881年9月11日，由于附近的山坡突然崩塌，瑞士的艾姆小镇完全消失于一个毁灭性的岩滑之中。崩塌的山坡垂直下落了2,000英尺（约610米），快速地冲过前面的河谷，前进了近1.5英里（约2.4千米）的距离才完全停下来。巨大的岩石碎块呼啸着冲入山谷，造成116人丧生。

在滑坡发生后不久，瑞士地质学家埃尔伯特·赫姆考察了这个地方。他将这种规模巨大的，受到的底面摩擦较小从而使水平位移非常大的滑坡叫做长距离滑坡。尽管大规模的滑坡时有发生，长距离的运移也会带来更大的破坏力，但是目前还不用担忧，因为现在的城镇距离不稳定的山坡还相当远，基本上都处在安全的位置上。大多数的小滑坡水平滑距不到它们垂直滑距的两倍，但是大型的滑坡的水平滑距可以达到它们垂直滑距的十倍。

黑鹰滑坡位于加利福尼亚莫哈韦沙漠的南缘，地处洛杉矶东部85英里（约137千米），是世界上最壮观的长距离滑坡之一。滑坡大约发生于距今17,000年前，由黑鹰山的一大块岩体垮塌诱发。大块的大理石先是垂向滑落了1英里（约1.6米），然后又在相当平坦的沙漠上向前滑移了近6英里（约10千米），速度高达75英里/小时（约121千米/小时）。岩流像流体一样穿过沙漠，在一个暗色的盘状凹地里停了下来。大块岩流何以能滑移如此远的距离？研究发现，岩流实际上的运动可能是骑在一层高压空气上滑

图64
1982～1983年冬天的暴风雪中，加利福尼亚州南大苏尔一号高速公路被岩滑冲塌（本图由美国地质调查局的G．F．Wieczorek提供）

动，这个空气层起到了润滑剂的作用；另一种解释就是滑移岩体底部的颗粒在与下面的基岩碰撞时发生了有力地回弹，巨大的弹力使它们足以支撑起滑坡的主体。

1963年10月9日，发生在意大利阿尔卑斯山的蒙特套克镇的一次滑坡是世界上破坏性最强的岩滑之一，这座山被当地人称作"会走路的山"，尽管当地政府已经对山坡进行了加固处理，但是这座山依然在移动，它不光"走"，还在"跳"。维昂特大坝刚刚被修建好，蓄水量还没达到整体容量的一半，山体移动就破坏了大坝的一侧，形成的湍急水流夹杂着泥沙和石块越过大坝，涌入狭窄的山谷，冲过佩尔吾河宽阔的河床，爬上了对面的山坡。这次滑坡将龙加罗内镇彻底毁灭，2,000多人不幸遇难。

这个非地震成因的滑坡被称之为历史上最大的水坝灾难。当灾难结束后，大坝依然完好无损。六亿吨的岩屑瞬间从山边滑入蓄水池中，导致水面急剧上升了近800英尺（约244米），并激起了高达300英尺（约91米）的巨浪。水流在狭窄山谷中携带着大量的泥沙和石块向下游冲去，形成了破坏性极强的泥石流。

1989年10月17日，加利福尼亚州洛马普列塔发生了地震，产生的岩滑从圣特克鲁斯山中轰隆隆奔出，掩埋了高速公路（图65）。这次地震发生的主要原因是从此山区穿过的圣安得列斯断层，地震就是沿着圣安得列斯断层发生并震动了整个山区，地震使断层的西南盘上升了3英尺（约9.3米），圣特克鲁斯山因此被显著抬升。

另外一个大岩滑发生在1996年7月10日，地点是加利福尼亚州约塞米蒂国家公园内，位于冰川雪峰的东南部，从悬崖上垮塌下来的160,000吨花岗

图65
1989年10月17日加利福尼亚洛马普列塔地震，在圣特克鲁斯山近山顶处发生了巨大岩滑（本图由美国地质调查局的G. Plafker提供）

图66
怀俄明州派克县臭水
湾的大倒石堆（本图
由美国地质调查局
的*T.A.Jaggar Jr.* 提
供）

岩体以160英里/小时（约258千米/小时）的速度向前滑行了一英里。这个滑坡产生了一个飓风般的强烈气流，秋风扫落叶般的将几千棵树木全部推倒在地，一些树木的树皮被全部剥落。岩体滑落引发强气流，这个间接的次生灾害是难以预料的，它的产生模式就像一本书平行于地面下落，将它下面的空气挤出产生侧向气流一样。如果也把强气流的威胁考虑进去的话，那么在约塞米蒂和其他国家公园等地质灾害多发区，地质学家估计还得在地图上重新标定这些容易发生地质灾害的位置。

　　在一个近乎直立的陡坡上，如果物质以近自由落体的方式下落，滑坡可以根据物质成分不同划分为岩崩或土崩两种。岩崩的范围很大，小到一些单独的岩块从山坡上滑落，大到重达成千上万吨的大岩体从一个山面上近垂直崩塌。悬崖底部一般分布有一些坡度较小的松散的石堆，碎石块在这里不断堆积，常常形成倒石堆（图66）。

　　当大块的岩石落入静止的水中（如湖泊或峡湾），就会激起具有巨大破坏性的波浪。1958年阿拉斯加地震造成大量的岩石物质落入立图亚湾，激起了一个高达1,700英尺（约518米）的巨浪，浪涛直达山腰。当大量的海水淹没海滨的时候，树木都像火柴棒一样被推倒了（图67）。大规模的

海岸滑坡也可以引发破坏性极强的海啸。这种灾难在挪威尤其明显，那里沿海湾分布的狭小的三角洲只能提供有限的平坦陆地，且海拔都接近海平面，而岩崩造成的波浪可达20～300英尺（约6～91米）高，所以如果海啸袭击沿岸村庄就会带来相当大的破坏。

1893年在印度戈纳发生的巨大岩崩，给人留下了极其深刻的印象。受强劲的季风降雨的影响，大块的岩体疏松并下落4,000英尺（约1,219米）冲入狭窄的喜马拉雅大峡谷，堆积成了一个3,000英尺（约914米）宽900英尺（约274米）高的巨型大坝，从上而下延伸长达11,000英尺（约3,353米）。巨大的碎石堆体积高达50亿立方码（约38亿立方米），在上游形成了一个深达770英尺（约235米）的堰塞湖。两年后大坝坍塌，洪水泄出，上百亿立方英尺的水在几个小时内一泄而光，激起了高达240英尺（约73米）巨浪，由此产生了一场特大洪灾。

1903年4月29日在加拿大阿尔伯特发生的岩滑，堪称是几千年来落基山脉地区发生的最大的岩滑，诱因可能是海龟山下的采煤使岩体弱化。山顶节理发育的大块石灰岩体疏松并滑下山坡，9,000万吨的物质从山顶翻下山腰，产生一个巨大的冲击波席卷弗兰克镇，造成70人丧生。随后岩滑余威不减，又冲上了对面山坡上400英尺（约122米）高的峡谷平台。

土滑

对于暂时稳定的陡峭斜坡，如果由弱胶结、细粒的物质组成，地震很容易引发土滑。在1811年到1812年期间，密苏里州新马德里发生了一系列的地震，同时也引发了大量的滑坡，大量的物质从陡坡和低矮的小山上滑落下来。1920年在中国甘肃大地震导致的土体滑坡中，约18万人为之丧生。地壳震动轰隆隆地传过这个地区，造成大量的物质从山中滑出，掩埋了整个村庄，堵塞河道，水漫山谷。

在暴雨中，陡峭山坡上的土体突然会以波动的形式，以超过30英里/小时（约48千米/小时）的速度向下游滑落。雨水以增加土壤中气孔水压的方式来使土体和岩体发生破坏，当地下水位上升和孔隙压力增加时，顶部土壤层与山坡之间的摩擦系数逐渐减小，当重力超过摩擦力的时候，就会发生滑塌。在土体开始下滑的瞬间，孔隙压力降低，土壤便开始膨胀。

蠕动（图68）是指土体缓慢地向下滑动，经常以电线杆、栅栏和树木的倾斜为指示特征。上层土壤物质的运动速度要比下层沉积物大得多，这种情况在长期霜冻的地区尤其明显。在一系列冰冻与解冻的循环中，伴随着地基不断发生膨胀与收缩，物质就不断向下蠕动。在冰冻区，永久冻结带是不透

图68
阿拉斯加州诺母河谷的铁路因蠕动而变得弯曲（本图由美国地质调查局的R. S. Sigafoos 提供）

水的，这就造成上层含饱和水的土壤可以在重力的作用下沿冰面下滑，在这个过程中那些已经被冰冻作用所弱化的土壤最容易受到影响。在气候温和的地区，由于蠕动作用，树木不能在陡峭的斜坡上扎根生长，山坡上只生长着一些低矮的杂草和灌木丛。在那些蠕动特别缓慢的地区，树木可以在较缓的斜坡上生长，但树干一般都是弯曲的。因为当树木发生了倾斜以后，上部树干继续生长就会试图把它们变直，所以如果蠕动连续发生的话，树木就会呈现出下弯上直的现象。

泥流（图69）是一种看得见的滑动，它产生的原因主要是降水的影响，由于山坡含水量的上升，使覆盖层的重量增加，减弱了山坡抵抗剪切的能力，进而降低了山坡的稳定性。泥流总是出现在上面长草、被土壤覆盖的山坡上。它们面积一般都比较小，但也有一些泥流规模相当大，方圆几英亩。泥流往往形成一个勺子状的滑面，上部的覆盖层破裂并滑移一个较短的距离，在破裂点处形成一个凹陷的陡坡。

土壤是比较容易膨胀的，它是一种可以根据含水量的变化而发生膨胀或收缩的沉积物。可膨胀的土壤在落基山脉、盆地山脉区（盆岭区）、大平原、海湾沿岸平原、密西西比河谷下游和太平洋沿岸地区的地质建造中都是比较常见的。这些土壤的母岩物质来自于火山岩和沉积岩，岩石分解形成具有膨胀性的黏土矿物，像蒙脱石和膨润土，这些物质因可吸收大量的水分常

图69
宾夕法尼亚州华盛顿县兴隆西坡的泥流（本图由美国地质调查局的J. S. Pomeroy提供）

被用来作钻井泥浆。但不幸的是，这个特征也使它们容易形成极不稳定的山坡。因膨胀性土壤而引发的土滑是造成经济损失最大的地质灾害，只考虑因建造在膨胀性土壤上而被破坏的建筑和其他设施这一项，每年就会造成美国好几十亿美元的损失。

泥石流

泥石流（图70）是沙漠地区最显著的地质特征之一。丰富的降水使山脉边缘上的片流汇集成大的地表径流，挟带着大量的松散物质快速地流动。洪水流入干旱的河床，这儿已经沉积了早期的大量泥沙，结果河床的泥沙也被一块卷入洪流之中形成一股急流向下游冲去，洪流的前锋很陡，像一堵墙似的向前压去。泥石流的运动方式与黏滞性流体的运动方式相似，常常携带着翻滚的碎屑和大块的岩石。

泥石流流出山区可以造成相当大的破坏。到达山底时速度减慢，其中的水分不断渗入地下，使泥石流变得黏稠从而最终完全停下来。泥石流可以携带像汽车一样大的岩体在沙漠盆地上运移相当远的距离，大块的巨石可以由快速流动的泥石流带出山区并在很远的沙漠中沉积下来。暴雨也可以把火山

图70
1905年9月12日科罗拉多州新斯德勒县发生的泥石流冲入圣克瑞斯特保湖（本图由美国地质调查局的W. Cross 提供）

侧面的松散火山碎屑物带走并形成泥石流。

火山泥流是火山喷发产生的泥石流，它往往会比火山爆发本身更具有破坏性。这在世界上几百个火山地区都是一个永远不能被忽视的威胁。火山泥流这个词来自于爪哇语，指的是在爪哇地区经常发生的"泥石流"。例如，1919年爪哇凯拉特火山大爆发，将其顶部的火山口湖冲塌，形成一个大的泥石流，并使5,000人为之丧生。火山泥流像湿的混凝土一样，大量含饱和水的岩石碎屑从陡峭的火山外坡上向下滚落。因为其巨大的能量，火山泥流可以携带卡车大小的石块，比一般的洪水的运动速度还要快。

火山泥流可以是热的，也可以是冷的，取决于其中是否有热的岩石碎屑的参与。沉积在火山顶部的岩石由于火山喷发而变成疏松的碎屑，水则是来自于大气降水、雪融水、火山口湖，或者火山附近的含水岩层。火山泥流也可以由炽热的火山碎屑岩或熔岩流经冰川使之快速融化而形成。这种情况在1980年5月18日就有发生，圣海伦斯火山喷发就产生了一个破坏性极强的泥石流（图71）。

火山泥流的速度主要取决于流体成分和地形的坡度。它可以快速地穿

图71
1980年5月18日圣海伦斯火山喷发，造成的泥石流将连接南北福克斯图特河的504号高速公路大桥破坏（本图由美国地质调查局的J. Cummans 提供）

过峡谷，速度高达50英里/小时甚至接近60英里/小时（约80~97千米/小时），运动距离也比火山碎屑流远，在条件许可的情况下，火山泥流可以运移到距其发源地60英里（约97千米）远的地方。如果熔岩在冰川或雪地上的流动，使冰雪迅速融化，除了产生火山泥流以外，还可以形成沿峡谷分布的洪流。在喀斯喀特山区发生的火山，次生的洪流灾害带广布，可以一直延伸到太平洋。火山泥流在峡谷基底上的运动，随着距离的增加而逐渐减慢，但是重量的增加可以使它的速度迅速降低。火山泥流的运载力巨大，可以轻易地把人类的家园卷走。

1985年11月13日，哥伦比亚内华达德鲁兹火山喷发引发泥石流，这是近代历史上最大的泥石流灾难。这次喷发将火山上的冰盖融化，产生的大洪水和泥石流从山坡上奔腾而下，流入莱古尼拉和钦查尔那河谷。泥石流十分黏稠，像混凝土一样，将它途经的事物一卷而空，距火山30英里（约48千米）外的阿莫若城几乎被全部埋没，并严重地损毁了13个小镇，总共造成25,000人丧生，60,000人无家可归。

海底滑坡

一些大规模而又破坏性极强的滑坡发生在海底。据统计，仅在美国领土沿海就发生了40个大型的海底滑坡。持续不断的海底沉积物翻下陡峭的大陆坡，扰动海底并滑入黑暗的深海。海底滑塌物滑下大陆坡，并将海底电缆埋入厚厚的碎石之下，另外，当海底沉积物遭到滑坡或洋流侵蚀时，使海底电缆悬空并发生强烈摇摆，最终把电缆拉断。最近的一次海底滑坡以50英里/小时（约80千米/小时）的速度下滑，将纽芬兰南部大班克斯附近的电缆破坏。1964年的耶稣受难日，阿拉斯加地震引发的海底滑坡带走了惠蒂尔、瓦尔迪兹和苏厄德海港的大部分的海港设施（图72）。

海底滑坡可以引发大海啸，将沿海地区淹没。例如，1929年纽芬兰海岸地震造成海底大滑坡，引发的海啸使27人丧生。1992年7月3日，海底大滑坡引起的一个25英里（约40千米）长18英尺（约5.5米）高的巨浪袭击了佛罗里达州代顿纳海岸，狂暴的海水将汽车吹翻，75人在袭击中受伤。

1998年7月17日，一连串三个高达50英尺（约15米）的大浪卷走了巴布亚新几内亚沿海的2,200个居民。这场灾难的罪魁祸首是发生在附近海底的里氏7.1级地震，但是，这个地震震级不大，还不足以卷起如此高的波浪。研究发现，沿岸的大陆坡上沉积了非常厚的沉积物，地震诱发了沉积物下滑，并形成了一个快速下落的海底滑坡和慢慢移动的滑动沉陷，海底证据显

图72
1964年3月27日阿拉斯加地震引发海底滑坡，阿拉斯加苏厄德海港设施被破坏（本图由美国地质调查局提供）

示，正是这个中级地震和与其伴随的海底滑坡引发了这次大海啸。这种现象使灾难比想象中更加危险。

海底滑坡在大陆坡上冲出海底深峡谷，在海底形成浊流，这股荷载沉积物的水流比周围的海水更重，这样就可以沿着海底运动得更快。浊流可以从非常缓的坡度上滑下来并转移大量的大块物质。河流注入、海岸风暴或其他洋流也可以形成浊流。它们携带的大量沉积物沉淀下来使大陆坡加积并使下面的洋底变得更加平坦。

大陆坡坡度高达60°～70°，并向下延伸几千英尺。大量的沉积物在重力的作用下沿大陆坡滑塌并在大陆坡上凿出许多陡峭的海底大峡谷，并被后面大量的沉积物所充填，为下一次的滑坡做好了准备。它们往往与地上的滑坡一样具有破坏性，可以在很短的时间内使大量的沉积物发生滑塌。

夏威夷主岛底部的海底沉积物的滑塌应属于地球上最大的海底滑坡。在夏威夷的东南沿岸，基拉韦厄火山南坡，约1,200立方英里（约5,000立方千米）的岩石以每年4英寸（约10厘米）或更多的速度向海边滑动（图73），这个速度在地质意义上是非常危险的，它也是地球上以这种方式运动的最大物体。火山下面6英里（约9.6千米）处有一个近水平的断层，正以10英寸/年（约25.4厘米/年）的速度滑动，这也使这个断层成为世界上运动最快的断层。最终这个断层的某个部分将会发生断裂，其破坏程度将远高于那些火山爆发。

大块的火山碎片从夏威夷岛上剥落并在海底沉积下来，有时会引发强烈的海啸，对附近的海岸造成巨大的破坏。在考艾岛，火山组成了这个岛的西半部分，巨大的滑坡从火山的东部边缘垮塌，不久一个新的火山在这儿产生，也同样发生垮塌，这逐渐形成了考艾岛的东半部分。同时这些大块滑坡的残余物质堆积在考艾岛四周的海底。

迄今为止，在夏威夷火山周围发生的最大海底岩滑约为1,000立方英里（约4,168立方千米），从其垮塌处向前运动了约125英里（约200千米）。瓦胡岛的坍塌使岩屑穿越海底前进了150英里（约240千米），扰动海底并形成一个巨大的波浪。十万年前莫纳罗亚火山发生部分垮塌，岩屑落入周围的海底，引发了一个高达1,200英尺（约366米）的海啸，不仅给夏威夷群岛带来了灾难，也给加利福尼亚沿海造成了损失。

在大西洋中部大洋中脊裂谷底部，保存着一个巨大的海底滑坡的残留体，这是水下山脊长达10,000英尺（约3,048米）的崩塌，其影响超过了有史记录以来的任何一次大滑坡。海底火山山脉的一侧明显下陷使物质以一个相当大的速度下滑，在几分钟内就赶上和超越了上次滑塌产生的小山脊。这次滑坡岩屑体积约4.5立方英里（约19立方千米），是1980年圣海伦斯滑坡的六倍，也是历史上记录的最大的滑坡。这次滑坡可能发生在距今50万年前，产生的海啸高达2,000英尺（约610米），袭击了大西洋的沿海地区。

图73
夏威夷基拉韦厄火山南坡由大的岩石块体下沉形成的阶梯状地形（本图由美国地质调查局和夏威夷火山观测台提供）

土壤侵蚀

　　土壤侵蚀将来有可能成为限制人口增长的最大决定因素（图74），因为它决定着在越来越少的表层土上，世界上的农民能否满足日益增长的人口对粮食的需求。土壤是处境最为危险的资源之一，侵蚀不仅流失了土壤中珍贵的养分，它还增加了农业的成本，降低了土地的产出。全世界高达三分之一的农田正在以破坏长期农业生产力的速度在丧失土地。换句话说，我们正在以高于自然对土壤自我修复的速度在"开采"世界上的土地。

　　在农业出现之前，自然界的天然土壤侵蚀速度可能不到100亿吨/年，远远低于在原地生产新土壤的速率。但是，现在的土壤侵蚀速度估计在200亿吨/年，相当于每年损失1,500万英亩（约6.08万平方千米）的可耕作土地。换句话说，土壤正在以两倍于被补充的速度被侵蚀。因此，如果表层土持续丢失，人口数量却在以令人惊愕的速度增加，单位面积上的粮食产出就会直线下降。

　　雨水侵蚀地表物质的方式是雨点冲击和地表径流。冲击侵蚀在那些没有或者极少植被覆盖的地区，或突然遭受倾盆大雨的沙漠地区是特别明显的。雨滴以高速击打地面，使土壤颗粒变疏松并从地面上溅起。在山坡上，这些物质就滑落下去。约90%的能量在冲击过程中被消耗。大部分冲击使尘土溅起约1英尺（约30厘米）高，横向的飞溅可达4英尺（约122厘米）远。

图74
田纳西州谢尔比县牧场被流水严重侵蚀，起源于对休耕地的不合理种植（本图由美国农业部水土保持管理局的Tim.McCabe提供）

在山顶上基本没有地表径流，但让人费解的是山顶上也有相当明显的土壤侵蚀，冲击飞溅侵蚀可以对此做出合理的解释。它溅起的细粒黏土滚下山坡并被地表径流带走，只留下了那些没有养分的沙子和盐分，从而起到了破坏土壤的作用。一部分雨水渗入地下，而另一部分则从山坡流下，在地表冲出深浅不一的沟壑并造成严重的水土流失，土壤侵蚀的程度取决于山坡的坡度和地表植被的种类和数量。

土壤侵蚀的速率随着降水量的大小、地表地形、岩石和土壤类型（表4）以及植被的数量的改变而发生改变。从长远来看，如果地表土没有了，其他一切试图提高世界粮食产量的努力，如通过砍伐森林、开垦湿地、灌溉、使用人造化肥、基因工程以及其他的科学方法，都是徒劳的。今天，人口增长率很高，要求每年有接近2%的粮食增产来满足全世界的需求。粮食产量的增加必须依赖于新科技的进步，特别是在世界种植面积已经显著减少的今天。

由于地表土被侵蚀，许多河流都沉积了厚厚的沙土层，特别是在非洲的一些河流，那里是世界上土壤流失最严重的地方。密西西比河每年从美国中西部地区带走几百万吨的土壤，直接送进墨西哥湾，这些沉积物都是来源于中西部农场的土壤侵蚀。由于对河水的污染以及对河道和湖泊的淤塞，美国政府每年都要花掉近十亿美元来治理农田土壤侵蚀。土壤沉积物还严重威胁

表4　土壤类型简述

气候	温带（降水量大于160英寸）	温带（降水量小于160英寸）	热带（降水量很大）	北极或沙漠
植被	森林	草地和灌木丛	草地和树木	几乎没有，无腐殖质
典型地区	美国东部	美国西部		
土壤类型	铁铝土	钙层土	红土	
地表土	沙土，浅色，酸性	富钙，白色	富铁和铝，砖红色	没有真正意义上的土，由于不含有机质，化学风化非常低
下层土	富铝、铁和黏土，棕色	富钙，白色	所有其他元素都被淋滤掉了	
备注	在针叶林地区很发育，大量的腐殖质使地下水变成酸性，土壤由于缺铁而变灰	泥灰石——因钙的沉积而命名	细菌破坏了腐殖质，没有酸去转移铁	

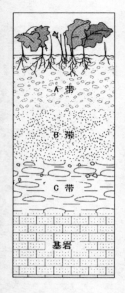

图75

土壤剖面。A带——富有机质，B带——贫有机质，C带——母岩物质

着那些作为水利设施（如灌溉）而建造的大坝，使它们的预期服务时间大大缩短。于是，最好的控制及预防水土流失的方法就是在流域内采取有效的土壤保持的方式，以使尽可能少的土壤被剥蚀流失。

图75显示的是典型的土壤剖面，最上层是A带，包含着绝大多数的土壤养分，这是一个较薄的沉积层，从几英寸到几英尺不等，全球平均厚度是7英寸（约18厘米）。下面的是B带，颗粒较粗，土壤物质含量较少。如果A带非常薄或者遭到侵蚀，B带就会暴露出地表，这样地表径流的对土壤的破坏力就会显著增加，因为B带一般是不适合生长植被的，它们无法扎根于砾石之中。

世界人口在不断增加，每年约增加一亿人。为了填饱这每年多出来的一亿人的肚子，农民已经抛弃了合理的土壤保持的习惯，而选择了粗放型的农业耕作方式。这包括单一的作物耕种、对中耕作物的过分依赖、休耕期的过分耕种，还有农药和化学肥料的过度使用，而不是使用有助于固着土壤的自然有机肥。到这个世纪中叶，世界人口数量可望达到现在的二倍，那就必须在现存的土地面积上打出多三倍的粮食以满足全球的需要。

在过去的150年里，粗放型的农业已经造成美国的土壤平均厚度减少一半。1980年以来全国农田面积减少了7%。现在，每年有高达50亿吨的表层土被流失掉。因为城市化的加快，每年我们又要损失1%或者更多的最优质的农田。预期的全球温度的升高、蒸发率的增高以及由全球气候变化而带来的降雨模式的变化，都会进一步减弱国家为满足自己需求所必需的粮食种植能力。剩余粮食的出口会被严重限制，这会导致那些已经破坏了自己的土地，没有外国的帮助不能填饱肚子的国家遭受更严重的饥饿。

纵观全球，绝大多数可耕作的土地已经被耕种。对亚标准的土壤的过度耕种将会导致过低的粮食产量以至于彻底废弃，进一步导致土壤侵蚀。海边一般是山岭地带，土地干旱，或者只包含薄薄的一层表层土，土壤生态十分脆弱，很容易被侵蚀，却也被强行种上了农作物。世界人口持续的快速增长，地球上资源的迅速减少，如此庞大的社会群体将要面临一个无地可种的困境。

在本章讨论了滑坡、岩滑、土滑、海底滑坡及其相关的现象（包括泥石流和土壤侵蚀）之后，下一章我们将讨论其他形式的地面活动——由地质坍塌造成的地面破裂、地面沉降以及火山口的塌陷。

5

灾害性塌陷

地面沉降

本章分析了引起地面塌陷的地质过程。灾害性地面破裂在地表产生了不同的地质构造，使地球表面变得斑斑点点。地震或剧烈的火山爆发引起地下的土壤液化，进而会使地面发生沉降，对建筑物和其他构造造成相当大的损坏。因地震产生的沉积层弱化同样会引起大范围的地面沉降。在大的地震中，断层会使地球表层错断并延伸至地面，在地壳中形成大的破裂，叫做裂缝。另外，地震会造成一个地块下沉，其他地块不动，形成高的陡坡，这就从根本上改变了地球的面貌。灾害性塌陷在火山口处表现得最明显，一般发生在岩浆房顶部发生坍塌的时候，或者火山在其喷发顶峰刚刚过去的时候，留下一个宽阔的凹陷或破火山口。

人类活动已经给地球造成了广泛的、令人担忧的影响。其中最常见的就是因陷落而发生的地面的下沉，这些地面破裂来源于地下可溶物质的熔融或地下沉积物流体的流出，它会导致地面沉降或者水平位移。由于人们在不断加紧地开采地下水和油气，这个问题正在进一步恶化。

下沉的地面

1811～1812年密苏里州新马德里地震是美国历史上三个最大的地震之一，地震造成这一地区的地貌发生了巨大的变化。新马德里镇被完全毁坏并下降了12英尺（约4米）之多，下降的盆地在这里形成了一个新的湖泊，被冲垮的柏树漂浮堆积在水中。坍塌的河岸改变了密西西比河的流向并使之向西流动，原来的岛屿全部消失了，在别处出现了一些新的岛屿。

含饱和水的低洼地土壤可以形成间歇泉，向空中喷射出大量含沙子的黑水，高达100英尺（约30米）或者更多，下部空虚凹陷形成宽达30英尺（约9米）的大坑。表层下的沙子和水被喷射到地表，下部空虚引起地下物质的压实和地面的下陷。在阿肯色州和密苏里州，地下沉积物以喷泉的形式向上喷涌是十分常见的，在当地典型的黑色土壤上面残留着喷射的沙子，颜色对比十分明显。

1906年4月18日，加利福尼亚旧金山地震，造成地面下沉好几英寸，建筑物大量地倾斜倒塌（图76）。在经济落后的地区，这种破坏更为严重，几乎所有的市区建筑都被地震损坏，或者把结构破坏了。沉降使供水管道发生破裂，消防队员们只能站在那里眼睁睁地看着整个城市被大火吞没，却没有一点办法。没有被地震破坏的建筑物也被大火完全烧毁了。因此可以说，旧金山被毁坏的罪魁祸首是在这座城市下面发生的地面破裂。

1964年3月27日，阿拉斯加地震是北美大陆所经受的最大地震，估计受灾面积达5,000平方英里（约12,950平方千米）。大面积的滑坡和地面沉降将大半个安克雷奇城毁坏（图77）。这座城市的30个街区下面是黏土，这层光滑的黏土地基在地震中滑入大海，这30个街区也全部被破坏。滑坡造成了巨大的破坏，在滑动过程中，200英亩（约0.81平方千米）面积的房屋被损坏。港口城市瓦尔迪兹、苏厄德和惠蒂尔都发生了地面沉降，造成大面积土地向海滑动。

日本的新潟位于本州主岛的西北，地下蕴含着大量的天然气，这些天然气都溶解在盐水中。当地政府为了开采这种能源物质，已经把大量的水抽干，于是在这一地区就产生了地面沉降的讯号。城市的部分地区已经下沉到

低于海平面的高度，需要建筑防洪堤来阻挡海水。1964年6月16日，一场大地震袭击了这一地区，使城市整体下降了一英尺（或者更多），海水突破防洪堤蔓延进岛内，将低洼地区全部淹没。

在墨西哥城，由于对地下水的过度开采，引起这个"西半球"最大的城市自1940年以来地基整体沉降量超过20英尺（约6米）。城市抽水机的采水

图77
1964年3月27日，阿拉斯加地震，坦纳根发生高山滑坡（本图由美国地质调查局提供）

量远远超过含水层对地下水的自然补充，由于局部地下水位下降产生了异常流体压力，一些地区的下沉速度超过1英尺／年（约30厘米／年），导致大量的地震发生，地面震动十分频繁，人们已经习以为常，这也可以解释人们为什么会忽略1985年9月19日发生大地震之前的前震征兆，这次地震破坏性巨大，毁坏了城市的大半部分，带走了10,000余人的生命。

世界上火山的坍塌已经给人类带来了巨大的灾难和损失。实际上，一个不稳定锥形火山的灾难性坍塌是火山生命周期中一个正常的事件。当公元前15世纪早期地中海西拉火山喷发的时候，最后的巨大爆炸造成火山锥体坍塌落入洋岛下面空虚的岩浆房中，形成一个充满水的深火山口湖。西拉火山垮塌引发了一次巨大的海啸，海浪高达几百英尺，袭击并破坏了克利特岛海岸的港湾，以及地中海东部的其他地区。

1815年4月11日，坦博拉火山坍塌，形成一个破火山口，并引发了一次大的山体滑坡。炽热的火山碎屑流从山坡上奔涌而下，席卷了整个坦博拉镇，形成的强烈气流将树木连根拔起并吹到数英里外的地方，80,000余人在这场灾难中丧生。无独有偶，在1883年8月27日，喀拉喀托岛在一次强大的地震中几乎全部消失。爆炸发生之后，岛屿上部整体落入空虚的岩浆房，形成一个深达1,000英尺（约305米）的火山口湖，只留下参差不齐的断壁残垣突出在地表之上。这次地震还引发了100多英尺（约30米）高的巨浪，对沿海地区造成了巨大的破坏，36,000人在海啸中丧生。

地面破裂

在强烈的地震和火山喷发过程中，地下含饱和水的沉积层发生液化从而使地面发生破裂。地面破裂一般发生在震级高于（或等于）六级的地区，以及地面不稳定并在压力下易于移动的地方。这种潜在的危险对人类影响巨大，因为世界上许多大城市的城区都建立在地震中易发生液化的年轻沉积物之上。

在特定的地质和水文条件下土壤易发生液化。这在最后一次冰期（距今1万年前）以来沉积的沉积岩地区尤其明显，这里地下水位比较浅，大多在30英尺（约9米）以内。一般来说，沉积物越年轻，固结程度越低，地下水位越浅，土壤液化发生的可能性越大。不含黏土的土壤，主要成分为沙土和淤土，与固态物质相比强度更容易被减弱，一般表现为黏稠的液体。

当地震波传过疏松的、水饱和的粒状土壤层中时，会使土壤层发生构造变形，并引起空虚坍塌变成相对压实的沉积物，在每个坍塌的地方颗粒之间的孔隙水都会受到挤压，使土壤发生扰动并增加水的孔隙压力，进一步将水排干。如果粒间孔隙水的排泄受到限制，孔隙压力就会不断增加，直到超过上覆岩层的静岩压力，这时颗粒之间的摩擦力将会暂时消失，粒状土壤就会变得像流体一样具有流动性。

在土壤液化过程中时常会发生沙涌，这是沙土和沉积物像喷泉一样从地下喷涌而出的现象，可以从增压液化带上向上喷达100英尺（约30米）的高度。低渗透表层下的固态水饱和沙层在地震中可以成为增压液化层向地表运输物质的通道（图78）。当液化增压发生时，水和沙土像自流井一样通过小孔向地表喷出。沙涌可以引发局部洪流和大量沉积物的积累（图79）。荷载沉积物的流体从地下喷出也可以形成大的地下空洞进而造成上部覆盖层的塌陷。

与土壤液化有关的地面破裂有三种，包括侧向扩张、流动破裂和荷载力

图78
地震中水和沉积物从增压液化带中喷出形成沙涌现象

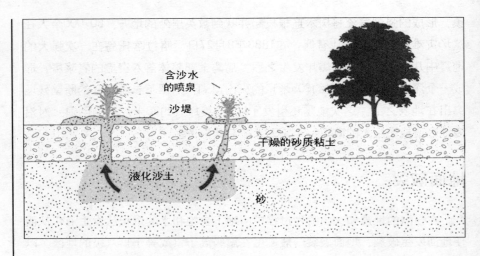

图78
地震中水和沉积物从增压液化带中喷出形成沙涌现象

的丢失。侧向扩张（图80）是在地震发生过程中地下土层中大块土体的横向运动。它们一般在坡度小于6%的缓坡处间断发生，形成裂缝和陡坡。水平横向张裂宽度达10~15英尺（约3~4.5千米）。但是，当坡度特别有利而地震持续时间又特别长的时候，水平运动也可以长达100英尺（约30米）以上。

在1964年阿拉斯加受难日地震中，近河道的洪泛平原沉积层的侧向扩张损毁破坏了200多座桥梁。侧向扩张挤压河道上的桥梁，使桥台上的岩石层面或推覆沉积层变弯曲，桥台和桥墩就会因此发生倾斜。侧向扩张也可以对

图79
1989年10月17日加利福尼亚洛马-普塔地震，郝利斯特小镇附近灌溉区的沙涌（本图由美国地质调查局的G.Plafker提供）

图80
1979年10月15日，加利福尼亚英佩瑞尔峡谷地震，赫伯路发生侧向扩张与位错，裂缝与沙涌同时发生（本图由美国地质调查局的C.E.Johnson提供）

地下设施（如地下管道）产生破坏。1906年的旧金山地震中，几个主地下供水管道破裂，使整个城市的大火肆意燃烧。并不醒目的地面破裂位错达7英尺（约2.1米），这是旧金山大火无法扑救的主要原因（图81）。为阻止这种情况在将来再次发生，旧金山城建立了双供水管道系统，一旦其中一个管道在地震中被损坏破裂，这个管道就会关闭，转而由另外一个管道供水。

流动破裂是一种与液化有关的灾害性最大的地面破裂类型。它包括土壤或未移动过的块体及其下覆的液化层，液化层往往有几十英尺（约十几米）厚。但是，在特定的地理条件下，它们可以高速移动达数英里。流动破裂常常发生在松散的由水饱和的沙土或淤土组成的山坡上，坡度一般大于6％，也经常发生在近海岸地区的陆地或洋底。1920年的甘肃大地震，地面震动引发了好几个大的流动破裂，18万人丧生。最大、最有破坏力的流动破裂发生在近岸的海底区。1964年受难日阿拉斯加地震诱发的海底流动破裂破坏了沿岸海港的设施。海底流动破裂也可以进一步诱发大海啸，席卷海滨地区，带来额外的破坏和灾难。

当支撑建筑物和其他构造的地面发生液化，丧失支撑力，土壤中就会发生大的变形，造成物质的迁移或坍塌。建筑物下的土壤液化使支撑力降低，引起房屋下沉或倾斜。当饱和的、胶结性较低的沙土和淤土层从近地表向下延伸厚度达到建筑物的宽度时，变形就会频繁发生。这种地面破裂最宏伟

图81
1906年4月18日地震后大火肆虐下的旧金山，很大程度上归因于供水管道破坏而使大火无法扑救（本图由美国地质调查局的T.L.Youd提供）

　　而且典型的例子发生在1964年6月16日日本新潟地震中，几座高层公寓建筑在地震中倾斜达60°（图82）。地震发生后，这儿的房子地基大多都被加高了，并用桩基加固，以应对这样的地面破裂再次发生。

　　地震还可以造成特定的黏土——流黏土强度降低并发生破裂。流黏土由薄片状矿物组成，是一个含水量超过50%的薄薄的细层。在正常的情况下，流黏土呈固态，每平方英尺的地表面积可以支撑超过一吨的重量，但是，地震引发的轻微的震动就可以使流黏土迅速地变成液态。1964年耶稣受难日的阿拉斯加地震，发生在阿拉斯加安克雷奇的大滑坡，就是起因于夹在饱和的沙土和淤土层中的流黏土层的破坏。剧烈的地震造成黏土层的强度降低，加上沙淤土层的液化作用，都是引起地面破裂的主要因素，这些因素对这座城市造成了巨大的破坏（图83）。

　　严重的地面沉降也发生在高纬度的永冻土地区。含水沉积物以泥流的形式慢慢地下滑，这在较冷的气候下会引起地面破裂。当温带的春季或寒带的夏季到来的时候，冷冻的部分从地表向下开始融化，这会造成斜坡上的土壤在冰冻基地上的下滑。泥流作用可以带来诸多灾难性的问题，特别是在永冻土地区。房基必须打在永久冰冻层上，否则整个建筑物就可能会因失去支撑力或横向移动而发生破坏。

　　另一种土壤物质的运动类型叫做冻举作用。它与温带气候条件下水的冰

图82
1964年日本新潟地震中，由于地下土壤液化失稳，几个公寓建筑发生倾斜（本图由美国地质调查局提供）

图83
1964年3月27日，阿拉斯加地震中，安克雷奇城坦纳根东部的下陷（本图由美国地质调查局提供）

冻和熔融的循环息息相关。冻融作用通过土壤的上拉下推作用将岩石不断上提，如果岩石的顶部首先上冻，它被膨胀的冻土向上拉。当土壤融化时，沉积物堆积在岩石底部，使岩石稍稍上升一点。巨石下面膨胀的冻土也把岩石向上举。在几个冻融循环之后，巨石最终上升到地面之上。美国北部一个大伤农民脑筋的问题就是每年春天他们都会在农田中发现因冻举作用而产生的一堆堆的石头。冻举作用的例子很多，我们经常会看到有岩石从高速公路上钻出，也会看到邮箱柱子因发生冻举作用而被挤出地面。

另一种冰冻作用是冰碛作用，当水进入岩石的裂隙中，上冻时形成冰冻楔，体积膨胀给岩石以巨大的压力，使岩石发生机械破裂。岩石表面风化使裂隙边缘和角落变圆，进一步使裂隙扩大。这就在冰冻区形成了一种独特的景观：坚硬的岩床之上遍布着无数的微型裂谷（宽只有几英尺（约10厘米左右）），就像被刀砍过一样。

地面沉降

地面沉降是在基本没有水平运动的情况下局部或大面积的地面坍塌和下陷。这是一个在全世界都普遍存在的问题，主要是由地下流体的流出或地震的震动引起的。地震造成大规模的海滩沉降，使那些过去为了种庄稼而被充分抬高以防海水淹没的土地现在被完全陷于水下变成潮坪带。在大的地震期间，沉积物充填于这些潮坪带上并使它们抬高到继续可以种庄稼的高度。于是，持续不断的地震把这一地区不断地抬高或者降低，使表层土在低地土壤和潮坪泥之间不断转化。

美国地震成因的地面沉降主要发生在加利福尼亚、阿拉斯加和夏威夷等州。沿断层垂直位错而产生的沉降可以影响周围广大的地区。1811～1812年大地震中，密苏里州新马德里镇的地面塌陷，使地面从海拔25英尺（约7.6米）下降到几英尺（约10厘米左右），接近于密西西比河的水位高度，从而造成这个小镇被完全损毁。在塌陷的地方形成了湖泊，其中最大的瑞尔伏特湖（图84），深达50英尺（约15米）。荷载沉积物的地下流体流出，造成大规模的地下空洞，这也会造成上覆地层的塌陷。新马德里地震造成地下水和沙土喷出地表，在地下形成空虚，引起物质的压实和地表的塌陷。

在1906年旧金山地震中，由于地下物质的迁移和横向运动，造成地面下沉了好几英寸。路基下沉并向西边拉张，导致人行横道的撕裂。路面发生弯曲和抬升，使有轨电车的铁轨发生向上弯曲并错断（图85）。在1964年耶稣

受难日的阿拉斯加地震中，伴随着黏土物质滑向大海的过程中，地面沉降也破坏了安克雷奇城的一大部分。地震也使超过70,000平方英里（约18万平方千米）的土地倾斜下降了3英尺（约91厘米）之多，使阿拉斯加南部海岸的海水倒灌引发了大规模的洪涝灾害。

　　世界上许多地方由于大量的地下水或油气被开采而发生下陷，一般说来，地下水位每下降20～30英尺（约6～9米），地面就会沉降1英尺（约30厘米）。地下流体充填于颗粒空隙之间并支撑着沉积物颗粒。大量地下流体的转移，像水和油气，导致颗粒失去支撑，颗粒之间的空隙降低，黏土颗粒被压实。如果大范围的地下压实作用发生，就会引起地面沉降（图86）。

　　从地下开采石油或天然气同样会引发地震。自20世纪20年代以来，美国的气田和油田附近就经常发生低震级的浅源地震。震级很少超过4级，但它们可以扭曲供油管道或剪切井头，造成原油溢出。从地下开采石油将会使储集层的岩石压缩并在短距离内形成较大的压力差，垂向的压实使上覆岩石下陷并造成储集层上部的地面沉降。水平应力使周围岩石向中间挤压，使储集层像干海绵一样被压缩。如果推力足够大，足以剪切岩石，就会引发一个轻微的地震。另外，从地下抽取石油也会使圈闭储集层的油层断裂发生垮塌，使油井变干枯。

图85
1906年旧金山地震中地面运动造成有轨电车轨道的弯曲（本图由美国地质调查局的G.K.Gilbert提供）

　　相反的情况也会诱发地震，如将废水回填到油井中。1986年1月31日，俄亥俄州克利夫兰东北25英里（约40千米）处发生了一个中级地震，是本区的最大的地震。从1974年以来，2.5亿加仑（约9亿升）的有毒废水被回填到两个5,900英尺（约1,800米）深的油井中，产生的巨大压力使岩石中裂隙变大并可能使附近的一个断层重新开始活动。在20世纪60年代，由于落基山脉兵工厂不断向地下排放废水，在科罗拉多州的丹佛地区诱发了一系列的地震。废水可以诱发断层活动，促使受压岩石发生破裂。一些油田向井下注水把储集层的石油尽可能多地压出来以提高原油产量，这种采油方式也可以诱发小地震。美国有30万口油井存在着这种可以诱发轻微地震的隐患。

　　美国地面沉降最显著的地区是加利福尼亚州、亚利桑那州和德克萨斯州的海湾一带。德克萨斯州的休斯顿—加尔维斯敦地区，由于大量的地下水被排空，局部沉降高达7.5英尺（约2米），大范围的沉降也有1英尺（约0.3米）或者更多，涉及面积达2,500平方英里（约6,500平方千米）。在加尔维斯敦湾，由于对地下油层的迅速开采，地面沉降达3英尺（约0.9米）或者更多，分布面积达数平方英里。地面沉降使一些沿海的城镇下降到接近海平面的高度，如果发生海岸风暴，这些低洼的城镇很容易被洪水淹没。

　　在加利福尼亚的长沙滩，由于20世纪四五十年代大量地开采石油，发生地面沉降形成了一个26英尺（约8米）深、方圆22平方英里（约57平方千米）的巨大的碗状凹陷。在油田附近的一些地区，受影响的地面沉降率达2英尺/年（约61厘米/年）。在市中区，沉降量高达6英尺（约183厘米），对城市的基础设施造成了相当大的破坏。如果向地下储集层回填高压海水，大部分地区会停止沉降，由于水的密度比较大，会把地下石油挤出地表，这在一定程度上偶尔也会增加油田的产油量。

　　为了灌溉农田，地下水被严重开采，加利福尼亚圣华金河峡谷的大片地区发生沉降。这一干旱的地区过度依赖地下水，它的地下水开采量占了美国整体开采量的五分之一，地面沉降速率高达1英尺/年（约30厘米/年）。在一些地区，地面已经比早先下降了20多英尺（约6米）。圣华金河峡谷的其他地区也因土壤变干收缩而发生沉降，在峡谷北部，沉降作用已经使地面下降到低于海平面10英尺（约3米）的位置，需要建立防洪堤来避免海水入侵。

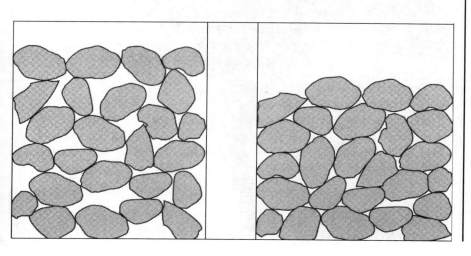

图86
流体撤出引起沉积物压实沉降（右）

　　埃及的尼罗河三角洲（图87）方圆7,500平方英里（约2万平方千米），相当于新泽西州的面积，为养活0.5亿的人口，这片土地已经被过分地灌溉。赛得港位于三角洲的东北海岸，处于苏伊士运河的北口，这是一个十分繁华的港口，拥有50万人口。在凹陷区，泥沙层厚达160英尺（约49米），说明三角洲的这个位置在慢慢地向海中滑落。在这个20英尺（约6米）宽的凹陷的两翼，泥沙层厚度只有40英尺（约12米），像一个下垂的晒衣绳。这显示古老的海岸线曾经发生过下陷。在过去的8,500年中，扇形三角洲上的这个区域以每年不到四分之一英寸（约0.6厘米）的速度慢慢下沉。但是，近年来，由于沉降加上海平面上升，相对沉降速度已经远远超过这个数值。

　　这个三角洲只高出海平面3英尺（约91.5厘米）。按照海平面上升2～3英尺/百年（约61～91.5厘米/百年）的预计值，21世纪末这个城市的绝大

图87
埃及尼罗河三角洲，
面积7,500平方英里
（约19,500平方千
米），人口5,000万
（本图由美国宇航局
提供）

部分都会被淹没于水下。而且，由于地面下沉造成海水倒灌，地下水系统被污染，其将不能继续利用。大坝和人工运河几乎完全切断了河流沉积物对这一地区的补充，使海边被侵蚀的地区不能被修复。此外，沉重的含水沉积物的长时间沉积会将下覆地壳压沉，这一过程在世界上大多数的三角洲都普遍存在。另外，两个断层控制着三角洲下沉区的两个边缘，如果将来有地震发生，将会引起大的灾难性沉降。

意大利小城威尼斯，由于海平面上升和地面沉降的双重原因，已被淹没于水下。这座小城最不寻常，因为它就建在水的边缘，房屋都是一半露出水面，一半处于水下。实际上，整个城市没有一点干地。威尼斯从其诞生（公元421年）之日开始，就一直与不断上升的海水作斗争，在最近的100年中斗争变得愈发激烈，步伐也在明显加快。这座城市建在松软的、可压缩的沉积物之上，由于自身重力的原因整个城市在不断地慢慢下沉。威尼斯自从建立以来已经下沉了6英尺多（约2米），迫使居民在房屋中不断填土以生活在水面之上。

威尼斯的居民不仅要与城市下陷作斗争，他们还得顽强地抵抗因海平面上升带来的影响。1916年以来潮汐的强度在不断增加，发生的频率也在慢慢变大。仅在20世纪后半叶，累积的沉降量就有5英寸（约13厘米）。同时，亚德里亚海在过去的一个世纪上升了3.5英寸（约9厘米），这就导致威尼斯城和海平面的相对距离下降了至少8英寸（约20厘米）。这座城市在高潮期、春季丰雨期和风暴泛滥时一般都会发生洪灾。

最近的一次地面沉降来自于对地下水的过度开采，使城市下面的蓄水层发生了压实作用。由于地面沉降，需要建立防洪堤以阻止大量海水进入城市所在的泻湖区。不幸的是，这一行动会淤塞泻湖，最终使威尼斯赖以出名的河道干枯。另一个可行的办法只能是加高地面，抬升城市的地基。无论哪种方法，威尼斯的居民都不可能再像过去的几个世纪那样安逸地待在海洋边缘，手中数着依靠旅游收入挣来的钞票。

在日本东京东北部，由于对地下水的过度开采，房子地基周围的地面都已经发生沉降。沉降以0.5英尺/年（约80厘米/年）的速度进行，涵盖面积达40平方英里（约104平方千米），其中15平方英里（约39平方千米）已下降到海平面以下。这促使当地政府建立防洪堤以保证这一地区不被洪水淹没。但是在台风或地震中，这一地区很容易就会洪水泛滥，所以一个灾难性的威胁始终笼罩在东京市民的头顶上。如果1995年1月17日日本神户地震（里氏7.2级）袭击的城市不是神户而是东京，那么这座城市的半壁江山现在已处于海水之下。

地下水的排出引起的地面沉降会在地下产生裂隙，在地面上可以形成裂缝。沉降也可以使受断层控制的地区的地壳重新活动。由地下水排出而形成的裂缝和断层在拉斯维加斯、内华达的邻近地区，以及加利福尼亚、亚利桑那、新墨西哥和德克萨斯的贫瘠区都是一个潜在的问题。大面积的水和石油被开采会导致地面沉降相当大的尺度，常常会带来灾难性的后果。

有水加入的情况下沉积物下沉显著。这种情况在美国西部几个干旱的重灌溉州尤其明显。地表平均下降了3～6英尺（约5～10米），最高达15英尺（约4.5米）。自从最后一次冰期被沉淀以来，地表或亚地表的沉积物第一次被充分地湿润，沉积物就会发生沉降。湿润造成沉积物颗粒之间的黏滞力下降，使颗粒可以移动并充填粒间空隙。不均匀的压实会造成地表凹陷、断裂或发生波状起伏。

火山口的复苏

如果一个火山将自己的顶部喷发掉（图88），或火山口崩塌落入部分空虚的岩浆房中，就会在火山顶部形成一个火山口（Caldera，西班牙语词，意为"大锅炉"）。的确，这种灾害性坍塌都使火山不会变得太高。科罗拉多州西南部的赖格瑞塔火山口于28亿年前喷发，宽45英里（约72千米），可能是北美最大的火山口。形成这个火山的那次喷发无论从剧烈程度上，还是从喷出的岩石、火山灰的数量上，以及熔岩流过古老北美西部大陆的面积上，都使现在的地质事件相形见绌。火山持续喷发了数周的时间，喷发物的数量是1980年圣海伦斯火山喷发的几千倍，摧毁面积达10,000平方英里（约25,900平方千米）。这次火山喷发促使了科罗拉多州风景如画的圣胡安山的形成。今天，这个火山被弯曲、侵蚀，横跨在圣胡安山上的面积只有1,000平方英里（约2,590平方千米）。有趣的是，这次喷发也形成了价值10亿美元的金银矿床。

火山复苏是大量熔融岩浆的再次突然喷发，岩浆来源于地下仅几英里处的岩浆房。这次活动突然移走了岩浆房顶的支撑物质从而使它塌陷，在地表留下一个深宽的凹陷。岩浆房中新的熔融岩浆的形成慢慢地将火山颈顶板向上推，使它垂直抬升几百英尺。一般说来，如果火山颈底板主体向上快速抬升，速度达到几英尺/天（约20米/天），一个大的火山喷发就快要来临了。

狗头峰

早期的顶峰
2,950米

现在的顶峰
2,549米

福西斯冰川

风口

指示线

大部分年轻的火山距离俯冲带只有几百英里（约上千千米）远，俯冲带是大多数火山获得岩浆补充的地方。复苏的火山往往发育在地幔柱或热点的上面，它们会造成近地表岩石的熔融。火山口往往出现于地壳变薄或地幔上升到近地表的地方。这些年轻（地质时间尺度上）的火山有着不稳定的天性，即使不喷发时火山也在不停息地活动。一般说来，火山喷发只是其活动的极端事件而已。但是，火山是精力充沛的，只处于一个微弱的平衡之中，所以即使小的扰动也能诱发其活动。

火山口可以依靠广泛的次生火山活动来识别，如热泉、喷气孔和间歇泉。美国黄石就是一个火山口，以其著名的老实泉著称于世。这一地区经常受到地震的震动，最大的一次地震发生在1959年，老实泉也从那时起开始定

图88

1980年3月18日圣海伦斯火山爆发，将其顶峰吹垮（本图由美国地质调查局的MSH, Brugman提供）

期喷发。另外，当大气降水渗入地下时，也会产生沸腾的泥浆和热水流。其热量来源于岩浆房并沿着裂隙上升到地表。

当一个巨大的岩浆体在近地表处慢慢冷却时，它会提供一个源源不断的热量来源，以喷气孔和间歇泉的形式把热量不断地释放出来。热的水和气流可以与其他挥发份一起直接来源于岩浆体的释放，也可以来源于岩浆体周围被传导流加热滤出的地下水。从岩浆体中释放出的挥发份也可以从下面加热地下水。

像其他的复苏火山口一样，黄石火山口也形成于一个地幔柱上方，这个地幔柱大而持久，足以使大量的岩石熔融。约60万年以前，一个巨大的火山喷发喷射出了250立方英里（约647平方千米）的火山灰和浮石，并形成了黄石火山口。自从1923年以来，火山颈底板平均每年被抬高四分之三英寸（约2厘米）。

许多其他的火山口，年龄不超过几千万年，分布于贯穿内华达、亚利桑那、犹他和新墨西哥州的一条火山带上。100万年前，一个大的火山喷发形成了新墨西哥州北部的瓦尔斯火山口，现在正在开采其潜在的地热资源。洛斯阿拉莫斯科学实验室的工作人员在火山口的侧翼打了几个钻孔，在1.8英里（约2.9千米）的深度上温度达到200℃，当冷水从一个钻孔中注入以后，在第二个勘探井中就会有超热水喷射出地表。

长峡谷火山口位于加利福尼亚的约塞米蒂国家公园的东部，形成于70万年前的一次灾害性的火山喷发，火山口20英里（约32千米）长，10英里（约16千米）宽，凹陷约2英里（约3.2千米）深（图89a，b）。火山喷发使附近的山脉都破碎成岩石碎屑。140立方英里（约584立方千米）的物质撒满了附近的大片地区，向东远至东海岸。长峡谷火山口每年上升1英寸（约2.5厘米），形成了魔鬼柱堆国家保护区（玄武岩柱）和猛犸湖的地质现象。

在长峡谷火山口下几英里的深处，岩浆好像又在活动。1980年以来火山颈中心上升了一英尺多，这暗示着火山和地震波活动频率的增加。这段时间内几个中等的地震（≤6级）发生在这一区域，这些地震预示着岩浆正向地表运动，火山可能在未来的4万年中再次喷发。满某什山是一个年轻的火山，火山口已经经历了长期的活动并做好了再次喷发的准备，如果火山再次喷发，熔岩流会吞没邻近内华达州的大部分土地。

近100万年以来，类似的火山喷发在世界上其他的地方也有发生。位于苏门答腊岛北部的多巴火山口，最大直径近60英里（约97千米），是世界上最大的复苏火山口。它形成于7.5万年前的一次大的火山喷发，造成地壳

图89a，b
加利福尼亚长峡谷火
山口（本图由美国地
质调查局提供）

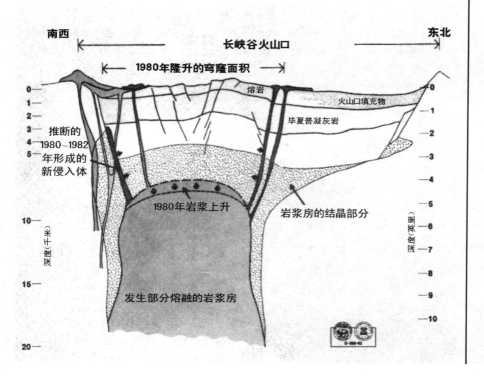

125

下陷达1英里（约1.6千米）之多。

　　另一种类型的火山口一般位于地壳强烈破碎的地区，岩浆可以通过裂隙直达地表。岩浆侵入体上拱上覆的地壳，形成一个含有大量熔融岩浆的浅源岩浆房。岩浆穹隆向上对地表岩石（相当于岩浆房的上顶板）产生巨大的顶力，使它沿着一个圆形的破碎带发生破裂和坍塌，这就形成了火山喷发后火山口的内颈。

　　火山的剧烈喷发可以将火山锥顶部掀飞并形成一个小型的火山口，但由此形成的火山口湖却十分宽阔。火山口直径一般不小于1英里（约1.6千米），熔岩频繁地向外溢出，使火山口湖不断扩大。高黏稠的熔岩也可以在火山口湖中形成一个熔岩柱露出水面，熔岩柱不断上升变大形成一个湖心岛或穹隆。

　　休眠期的火山口，汇集了大量的冰雪融水和大气降水，形成火山口湖。火山口湖一般都位于世界上深湖之列，其深度依赖于火山口的底板到水平面之间的距离。风化侵蚀使火山口进一步拓宽，从火山口内径上剥蚀下来的风

图90
俄勒冈州克拉玛斯城的火山口湖，形成于马札马火山的崩塌（本图由美国地质调查局提供）

化物在湖底堆积下来形成巨厚沉积。火山口复苏往往会形成一个岛屿，其顶部往往分布着一层年轻的湖底沉积物。

世界上最大的火山口湖位于多巴火山口的顶峰。多巴火山口形成于巨大岩浆房顶板的突然坍塌，火山颈持续沉降达一英里，最后被水充满形成一个深湖泊。然后，火山颈又像一个大活塞一样被抬高几百英尺，这就在火山口湖中形成了25英里（约40千米）长、10英里（约16千米）宽的沙摩西岛，而且它的高度可能还在上升。

俄勒冈州的火山口湖（图90）形成于6,000年前，位于马札马火山的顶部。马札马火山锥总高度为12,000英尺（约3，658米），由于上部的5,000英尺（约1，524米）坍塌凹陷，雨水和冰雪融水在这里汇集，从而形成了这个湖泊。这个湖泊宽6英里（约10千米），深2,000英尺（约610米），是世界上第六深的湖泊，火山口边缘高于水面500~750英尺（约152~229米）。湖的一端有一个小山峰，叫做巫师岛，为后期的火山活动岩浆上涌突出水面而成。

1912年6月6日，一个史无前例的剧烈火山喷发撕开了卡特迈火山西坡的底部。多达10立方英里（约26立方千米）的浮石、火山灰和气体涌入了整个山谷，烧尽了沿途的所有树木，将山谷填满，局部地段被抬高600英尺（约183米）。卡特迈火山西部一个5英里（约8千米）长的裂隙在短短两天的时间就喷出了数万吨的火山物质。卡特迈火山顶部的1，200英尺（约366米）被爆炸崩塌形成一个巨大的火山口，宽1.5英里（约2.4千米），深2,000英尺（约610米）。然后火山口被水充满形成一个深的火山口湖。

陷落构造

全世界大面积的地区都被石灰岩和其他可溶性岩石覆盖。当酸性地下水流经这些岩石的时候，它将可溶矿物（如碳酸钙）熔融，形成空洞或洞穴。大气降水通过表层沉积层的过滤与二氧化碳发生反应形成弱酸性的水，水流通过裂隙渗入下层岩石将方解石或白云石溶解。这种反应使岩石中裂隙进一步加大，常常形成一个水流通道，更多的酸性水从这里流过。

空洞上面的岩石可以发生突然塌陷，形成深100多英尺（约30多米）、横向达几百英尺（约上百米）的落水洞。一个最典型的例子就是1981年5月发生在佛罗里达州冬季公园里的落水洞，洞宽350英尺（约107米），深125英尺（约38米），塌陷还破坏了一部分城镇的建筑。1967年5月22日，佛罗里达州巴顿镇的一座房子下面发生了520英尺（约158米）长125英尺（约38米）宽的塌陷（图91），至今仍让人记忆犹新。1995年12月12日，加利福尼亚圣弗兰西斯科的暴雨使下水道破裂，产生了一个巨大的落水洞，落差有十层楼高，吞没了一座价值百万美元的房屋，并对周围的几座房子也构成了威胁。

地面有时也会慢慢地、不规则地下落。可溶性岩石的溶解与陷落会对建筑在其上面的房屋以及其他设施造成巨大的破坏。尽管落水洞是个自然现象，但人类对地下水的过度开采，加上将大量的废水向地下排放，这些行为也会大大加速落水洞的形成。

由无数的落水洞形成的地貌叫做喀斯特地貌。这个名字来源于斯洛文尼亚沿海的喀斯特地区，以其无数的灰岩坑闻名。喀斯特地貌一般出现于湿润或半湿润地区。整个地球上有无数的落水洞，喀斯特地貌约占全球总面积的15%。

美国最大的喀斯特地貌位于美国东南部、中西部以及东北和西部的一些地区。在阿拉巴马州，将近有一半的地区都被可溶性灰岩和其他沉积物覆盖，数千个落水洞给高速公路和其他建筑工程带来了严重的问题。佛罗里达

图91
佛罗里达州巴顿镇的一座房子下面发生塌陷，形成一个520英尺（约158米）长，125英尺（约38米）宽，60英尺（约18米）深的落水洞（本图由美国地质调查局提供）

州三分之一的土地下面是被侵蚀的石灰岩，所以一直都在遭受含水落水洞的威胁。

在那些石灰岩岩层近水平的地区，地面平坦，喀斯特地貌特征显著，这叫做喀斯特平原。盲谷是喀斯特地形的地面河谷突然中断消失进而转入地下流动的河谷，也叫灰岩坑。在发大水的时期，盲谷可以变成暂时性的湖泊。其中一种盲谷叫做喀斯特谷，是由几个落水洞相互连接而成。落水洞时常被水充满而变成小而永久的湖泊。

墨西哥尤卡坦半岛的丛林里有一个美丽的水下溶洞，那里有巨大的水下洞穴和落水洞，里面洞穴相互连通，景色像一幅惊艳的画卷，美丽得让人吃惊。洞穴位于海底100英尺（约30米）处，由弯曲的通道相互连接而成，蜿蜒几英里。这些洞穴的最深处被一些奇异的不需要光的生物所占据，它们是一个盲眼的种群，可以在完全的黑暗中生活和繁殖。这个落水洞是由表层的石灰岩建造垮塌而成，使这个美丽的水中世界埋于丛林之下。

地下溶洞是由蜂窝状的狭长地道和相互连通的巨大洞穴组成，地道往往好几英里长，而洞穴则有几个房屋那么大。像地表洞穴一样，尤卡坦溶洞也含有丰富的溶洞构造，如悬挂在顶板上的石钟乳和生长在地板上的石笋，还包括精巧的中空的钟乳石，叫做石柱，这种构造需要花费几百万年的时间才能慢慢形成。但是，它们常常被粗心的开发工人在一瞬间就给破坏了。

蓝洞是位于海洋中的水下落水洞，因为它的深度较大而呈深蓝色。佛罗里达州巴哈马群岛周边浅海处有许多蓝洞，它们形成于最后一个冰期，当时海水下降几百英尺（约上百米），使这些海底位于当时的海平面之上，海平面不断下降，大片的冰盖形成，覆盖了地球上北部的地区，锁住了大量的水分。

当海底暴露出来成为干旱的陆地时，酸性雨水渗入土壤之下将岩床的石灰岩熔融，形成巨大的地下洞穴。在上覆岩石的重力作用下，洞穴顶板垮塌形成大的裂缝坑。到冰期结束时，冰川融化海平面上升到现在的高度，这一地区重新被海水淹没，于是那些落水洞被埋于水下形成蓝洞。蓝洞往往是一个非常危险的地方，因为海底潮流在进出蓝洞时会形成强大的漩涡或涡流，可以将不小心误入其中的船只吸入海底。

熔岩流表层的通道可以发生崩塌，引起地面下沉。熔岩通道是一个地表下沿熔岩延伸的长长的洞穴。它们可以由熔岩变冷变硬发生冷缩而形成。在特殊情况下，它们在熔岩流中可以延伸12英里（约19千米）。因熔岩通道顶板坍塌常常在地表处形成圆形或椭圆形的凹陷（图92）。这种现象常常发生

图92

爱达荷州月亮国家纪念碑的坍塌处，为塌陷的熔岩通道（本图由美国地质调查局的H．T．Sterns提供）

图93

利用核爆炸开凿港湾的人工设计图（本图由劳文士利弗莫尔国家实验室和美国能源部提供）

在阿拉斯加、华盛顿、俄勒冈、加利福尼亚和夏威夷的火山区域。其中最大的熔岩流坍塌发生在新墨西哥州，凹陷近1英里（约1.6千米）长，300英尺（约91米）宽。

海港
4～200海里（约7.4～370千米），深度800英尺（约244米）
面积约180英亩（约0.73平方千米）

渠道
5～50海里（约9～92千米），深度500英尺（约152米）
最小深度：平均低水位50英尺（约15米）

人类活动有时也可以造成地表塌陷。内华达州的核试验基地位于拉斯维加斯西北65英里（约105千米）处，由于地下核试验，地表外观变得斑斑点点，像月球表面的陨石坑一样。核爆炸产生的巨大的热量将地下沉积物熔融成玻璃质，沉积物熔融使岩石体积大大减少，造成上覆沉积物垮塌充填地下的空洞，在地表就形成了许多凹坑，有时候地面被撕裂来释放岩石熔融而产生的气体。许多核试验也有着其他的目的，代号为"犁铧试验"，它的目的是利用核爆炸来挖掘运河、港湾（图93）、煤矿以及其他的用处。但是，美国在1962年制定了严禁大气核爆炸的法令，使这类试验无法继续进行。

人类活动常常影响地表岩石块体的稳定性。利用卫星检测地球表面微小的运动，研究者们发现了意大利那不勒斯西部沃莫若的一处大面积地面沉降。1992～1996年间，建造新的地铁线使当地地面下降了10英寸（约25厘米）。在地铁线路建设完工以后，地面沉降就逐渐慢了下来。卫星也检测到了世界上其他地下开采地区的地面沉降。

废弃的地下煤矿，可能会造成采煤施工处上部的岩石因缺少足够的支撑

图94
怀俄明州谢里顿的地面沉降，煤矿造成的凹陷、深坑和裂缝（本图由美国地质调查局的C.R.Dunrud提供）

131

而使煤层顶板陷落几英尺，形成一些凹陷和深坑，这种情况在美国东部特别显著（图94）。原地的煤层气和油页岩的干馏也会造成上覆地面的塌陷。熔融采煤方法把大量的水灌入地下以便带走可溶性矿物（像盐、石膏和钾盐）。这都会在地下造成巨大的空洞，引起塌陷和地面沉降。如果煤矿存在于城镇之下，地下空洞的垮塌可能会对建在其上面的建筑物造成严重的破坏和损毁。

　　在讨论了地质崩塌以后，下章我们将研究最常见的地质灾害——洪水，包括洪水的发生、类型、易发区域以及防治方法等。

6

洪水
河水的泛滥

　　这一章详细地介绍了洪水对人类生命财产构成的巨大威胁。洪水是大自然固有的循环活动，是不容忽视的地质过程。它改变河流的走向，陆地上土壤的分布位置等。当大洪水发生，洪水通常都会改变其流经地区的地貌特征。洪水在向前、向低洼处流动的过程中，可能使得河流在流入大海之前几经改道。

　　河道两边的泛滥平原在洪水期可以容下额外的水流。如果人类居住在这些位置，那么洪水自然对他们构成了威胁。倘若人类没有认识到这一点，该地区的发展成果在洪水泛滥时将会毁于一旦（见图表5）。泛滥平原是大自然赐给人类的聚宝盆，所以必须保护它免予被洪水破坏。因为人类没有认识到泛滥平原在洪水期的作用，坚持在泛滥平原地区建造房屋居住，洪水带来的灾难将会与日俱增。洪水损毁我们的房屋，淹死我们的同胞及我们的牲畜，把我们从自己辛辛苦苦建立的家园里赶了出去。

表5　美国主要洪灾年表

年代	河流或盆地	损失（百万美元）	死亡人数
1903	堪萨斯州,密苏里州,密西西比	40	100
1913	俄亥俄州	150	470
1913	德克萨斯州	10	180
1921	阿肯色河	25	120
1921	德克萨斯州	20	220
1927	密西西比河	280	300
1935	民主堪萨斯州	20	110
1936	美国东北部	270	110
1937	俄亥俄州&密西西比	420	140
1938	新英格兰地区	40	600
1943	俄亥俄州，密西西比,阿肯色州	170	60
1948	哥伦比亚州	100	75
1951	堪萨斯州,密苏里州	900	60
1952	红河	200	10
1955	美国东北部	700	200
1955	太平洋海岸	150	60
1957	美国中部	100	20
1964	太平洋海岸	400	40
1965	密西西比,密苏里州,红河	180	20
1965	南普拉特河	400	20
1968	新泽西州	160	—
1969	加利福尼亚州	400	20
1969	中西部	150	—
1969	詹姆斯河	120	150
1971	新泽西州&宾夕法尼亚州	140	—
1972	达科他,黑山	160	240
1972	美国东部	4,000	100

（续表）

年代	河流或盆地	损失（百万美元）	死亡人数
1973	密西西比	1,150	30
1975	红河	270	—
1975	宾夕法尼亚州，纽约	300	10
1976	大汤姆逊峡谷	—	140
1977	肯塔基州	400	20
1977	宾夕法尼亚州，约翰斯敦	200	75
1978	洛杉矶	100	20
1978	珍珠河	1,000	15
1979	堪萨斯州	1,250	—
1980	亚利桑那州&加利福尼亚	500	40
1980	华盛顿，考利兹	2,000	—
1982	加利福尼亚南部	500	—
1982	犹他州	300	—
1983	美国东南部	600	20
1993	美国中西部	12,000	24
1997	北达科他州，红河	1,000	—
1999	加利福尼亚北部，塔河	6,000	—

灾害性的洪水

人类近代历史上破坏性最大的洪水发生在1887年，黄河下游的大水冲破堤岸淹没了中国北方的大部分地区。洪水造成700万人溺死，被称为"中国悲哀"。中国是世界上灌溉面积最大的国家，养活着数量与日俱增的人口，或许这一点可以解释为什么洪水会造成如此大的人员伤亡。

100,000多个大坝和水库提供了中国的用水。这些水库和大坝可蓄积总量达100立方英里（约416立方米）的水。在过去的1947～1967年的20年间，有超过150,000的人口因南亚和东南亚地区的洪水灾害而丧生。同样，在这段时期的美国也有1,300人在一次不可预期的洪水中丧生。

　　美国宾夕法尼亚州西南部城市约翰斯敦东北部13英里（约20.8千米）处曾发生了北美最大的洪水灾害。在狭窄的河谷两侧居住着55，000多人，仅约翰斯敦就有3万人口。东部有个大坝，高约70英尺（约21米），宽约900英尺（约274米），作为运河计划的一部分在1852年建成，后来由于修建了铁路而被废弃了。如此一来，水库几乎没人用而被忽略了。在水库建成30年后，这里又繁荣起来，为了推动钓鱼运动的发展，这里建成了一座新湖。

　　1889年5月31日，大雨滂沱36小时，地面积水达8～10英尺（约2.4～3米）。狂暴的春雨迅速地抬高水库的水面，大水漫过了大坝顶部，从基底倾泻而出。膨胀的水库很快挤垮了脆弱的大坝，40英尺（约12米）高的水墙冲向河流下游的河谷地带。愤怒的洪水一个接一个地横扫着下游的小社区。

　　在大坝决口15分钟后，洪水抵达约翰斯敦。

　　洪水以难以想象的速度冲出狭窄的河谷，水墙发出越来越大的深沉的、稳定的隆隆声，横冲直撞地袭击无辜的城市。洪水摧毁了途经的一切，夺去了人们的生命。大量的房屋和岩石碎块堆塞在横跨市中心两岸的铁路大桥的结实的石墩下面。大面积杂乱的残骸在之后又引发了火灾。大概有2，000人深陷灾区被大火活活烧死。大概估算了一下，在大坝下游的20英里（约32千米）范围内，有大约7，500到15，000的人因洪水死亡。更让大家痛苦的是，在洪水之前已有警告说大坝很脆弱，这场灾难本来是可以避免的。

　　另一次非常严重的大坝决口发生在1976年6月5日，位于内华达州纽代尔的提顿大坝。比地面高130英尺（约40米）的提顿大坝水库完全填满了水，水开始沿着大坝墙壁渗透，慢慢地侵蚀着堤坝，致使堤坝严重受损。被侵蚀的堤坝向水库倒塌，洪水冲破堤坝像瀑布一样涌向下游河谷（图95）。当洪水飞速奔出下游5英里处的峡谷口时，提顿河宽广的洪泛平原泛滥成一片汪洋。

　　大坝决口引发了提顿河、蛇河以及低处的亨利三角洲空前的洪水灾害。16英尺（约4.9米）高的水墙摧毁了大坝下游的居民社区。狂暴的洪水夹携着大树，损毁的建筑，还有其他物质的碎片。洪水淹没了大概180平方英里（约460平方千米）的地区，造成约四亿美元的损失。幸运的是，由于提前预报洪水，此次洪灾只造成11人死亡。

　　1976年7月31日，有史以来最惨重的一次山洪袭击了科罗拉多州中北部位于落基山脉国家公园东部的大汤姆逊河谷。暴雨在河谷地区狂泻了90分钟，地面积水约10英尺（约3米）。俯瞰河流，数十亿加仑（1加仑≈0.004，5立方米）的水奔腾着在陡峭的斜坡上争先恐后地涌入狭窄的河谷。河面剧烈的

图95
1976年6月5日，提顿大坝决口，导致下游的大规模洪灾（图片来源于美国地质调查局）

上涨，在大汤姆逊河及其位于艾斯特斯公园和拉弗雷迪之间的支流处形成了恐怖的大洪水。当20英尺（约6米）高的河水扑向在河谷休假的人群时，大家疯狂地向河谷高处逃命。

在几乎整个25英里（约40千米）狭长的峡谷中，为了活命，面对突如其来的洪水，所有的人都拼了命地向高处奔跑。洪水冲走了树木、汽车，冲毁了建筑物（图96），淹没了位于艾斯特斯公园和拉弗雷迪之间的德雷克镇。洪水同样破坏了峡谷中几乎所有的高速公路，致使成千上万的位于峡谷中的人们束手无策。军队的直升机把幸存者疏散到了安全的地方，救援队伍利用四轮驱动的车辆在泥泞的河岸边上继续寻找幸存者。大多数情况下，他们发现的只是那些没有来得及逃避愤怒的洪水的人们血肉模糊的残骸。由于洪水

图96

1976年7月31日，大汤姆逊河的洪水中，科罗拉多德雷克附近一座损毁的小屋及其他的残骸（图片来源于美国地质调查局）

肆虐蹂躏，再加上岩石等尖利物的撞击，尸体被损伤得几乎无法辨认。洪水同样淹没了下游的一些小镇，造成至少3,500万美元的损失。据保守估计，有139人在洪水中失踪，数百人死亡。

1980年华盛顿西南部的圣海伦斯火山爆发，造成了山体滑坡、泥石流以及图尔特河和考利兹河洪水泛滥。火山两侧融化的冰河雪水，还有火山下精灵湖的水是洪流的主要来源。体积庞大的沉积物、成百上千的被摧折的大树都被洪水挟带着到了下游，撞毁了图尔特河上大部分的桥梁（图97）。绝大多数的沉积物被带到了下游的考利兹河和哥伦比亚河，在河道上形成了一个沙洲，导致水运好几天无法正常维持。

1900年9月8日，美国历史上最致命的自然灾害侵袭了得克萨斯州的加尔韦斯顿。这个旅游胜地有大约38,000人口，位于加尔韦斯顿岛的最东部，和主岛仅有一个大桥连接。是一个完全建设在沙子上的城市，平均高度比海平面仅高出6英尺（约1.8米）。当飓风登陆岛屿的时候，狂风最大时速超过110英里（约177千米）/小时。大海吞没了桥梁，加尔韦斯顿的人们失去了唯一的退路。

狂风巨浪横扫过乡镇，损毁建筑，把人们抛入汪洋大海中，没有留下一点生的希望。当大海最终平静时，10,000～12,000的人已失去了生命。灾难促使大家重新修建防洪堤来抵御未来可能发生的飓风。15年后当另一次相似的飓风登陆加尔韦斯顿时，防御工程发挥了作用，此次飓风导致的伤亡人数和财产损失比上次明显减少了。

孟加拉国的孟加拉湾有大约1亿人口拥挤在这块面积相当于（美国）威斯康星州的地方。孟加拉湾经常遭受印度洋飓风的袭击。在孟加拉国从巴基斯坦独立出来的前一年（1970年）的11月13日，一次巨大的飓风袭击了孟加拉湾，飓风造成至少100万人死亡，这是人类有史以来最严重的自然灾害。1985年3月24日孟加拉国遭受了自1822年来的第60次飓风袭击。飓风驱使的大风风速超过100英里／小时（约160千米／小时），掀起15～50英尺（约4.5～15米）的海浪，扫平了低海拔海湾的一些岛屿。当飓风过后，100，000人死亡，250，000万人无家可归。飓风导致30，000牲畜死亡，3，000平方英里的庄稼绝收，渔场废弃。当救援工作者最终到达岛上，他们发现沿海岸的所有居住点都被海水淹没或者抛入大海。

在1982～1983年的冬天，强大的台风伴随着破坏性的大风、巨浪、洪水在加利福尼亚海岸登陆，致使10，000人撤离家园，造成300万美元的损失。台风向东部前进，横扫了整个美国西南部的各州，导致美国南部的绝大多数地区降水，成千上万的人需要撤离。科罗拉多州落基山脉的一个巨大的滑雪场积雪融化，把科罗拉多河带入汛期。人们谴责这些异常的天气为厄尔尼诺。厄尔尼诺现象在东太平洋每3～8年发生一次（图98）。依据经济损失以

图97
1980年圣海伦斯大山喷发的泥流摧毁了圣海伦斯桥（图片由美国地质调查局MSH－Schuster提供）

图98

1972年厄尔尼诺现象引起的古怪气候。画点的区域是受影响变得极度干燥的区域，暗色区域是受影响变得异常湿润的区域

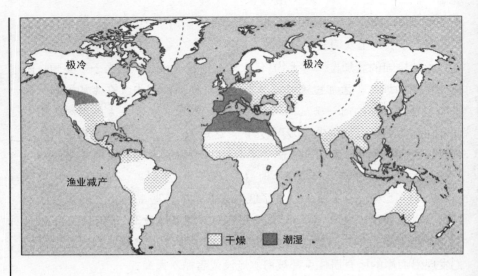

及给人类带来的痛苦，厄尔尼诺引起的台风完全可以作为人类20世纪最恶劣的气候现象在书本中记录下来。

另一次厄尔尼诺现象的强烈反应直接诱发了1993年美国中西部地区的洪水。原来冬天南方、夏天北方泛滥的急流变得静止，滞留在中西部的上游，控制了这个地区的气候系统，造成许多大河（如密西西比河、密苏里河）堤坝决口，洪水泛滥，淹没附近的洪泛平原。数万的人们无家可归，上千万英亩的庄稼被毁。

这是美国历史上500年一遇的洪水灾害，损失惨重。政府对外宣布经济损失为150亿～200亿美元，有48人在洪水中遇难。这次洪水被认为是人为的灾难，原因是本为保护财产安全而建造的大堤在洪水期限制了河水的自然流动，而蓄洪的水库在遭遇历史性的洪水时决口溢出，当洪水超过了警戒水位线时，上游的洪泛平原以及沼泽本可起到泄洪的作用，但河堤限制了这些作用的发挥，因此在下游造成了严重的洪水泛滥。

另一次五百年一遇的大洪水发生在1997年的4月上旬，北达科他和明尼苏达北边界的红河。积雪在春天快速地融化，加上冰块在河面堵塞，造成河水水面比正常水位线高出50英尺（约15米），但河堤限制了河流流动。当河水抵达加拿大边境时，溢出了河道，在平坦的河谷中泄出40英里（约64千米）远。洪水至少造成10亿美元的经济损失，迫使100，000人背井离乡。

洪水的种类

暴洪是局部性的洪水，水体容量大，持续时间短。暴洪通常是由于局部水系的某些地区遭受非常强烈的雷雨而引起洪水泛滥，是最常见的洪水类型。暴洪也发生在大坝决口，大的冰块堵塞突然疏通的情况下，引起大体积的水流在短时间内突然释放。1980年的圣海伦火山爆发导致了一次不同寻常的暴洪。火山两侧的冰川和积雪融化形成泥石流和洪水，泥河水的急流又挟带着冲倒的树干流入附近的河流。

暴洪发生的面积几乎覆盖美国的任何地区，尤其容易在美国西部的山区和沙漠地带发生。洪水快速地流过干旱的山区，携带大量的沉积物，包括像汽车一样大块的石头。当河流流经邻近的沙漠时，河水迅速地渗入沙底，使洪水突然停止。有时候巨大的石块被洪水携带着离开山体，落在沙漠中，形成了沙漠中独特的景观，这也着实反映了洪水的威力。

暴洪发生在地形陡峭地区则更加危险，这些地区地表剥蚀得更厉害。河流沿着狭窄的河谷流动，猛烈的大雷雨是非常普遍的景象。凶猛的大暴雨在广阔的支流上形成暴洪，导致大的洪流。洪流迅速地汇聚到最大，也迅速地消失。洪水通常挟带了大量的经河流横扫过河道时剥蚀下来的沉积物和碎屑。

通常，设计优良的可以应对普通高水位的城市排水系统也会被暴洪淹没。排水通道在面对暴洪时，水面快速上升，以致无法排走多余的水，造成街道上的水位上升。大雨造成的洪流可能导致公路、桥梁、房屋、建筑物被毁坏。

河流洪水（图99）是由于大面积的严重降水以及冬天的积雪融化引起的。在波及范围和持续时间上都和暴洪不同。河流洪水发生在广泛的水系，支流控制很大的地理面积，包括很多独立的河流盆地。大的河流系统的洪水可能持续几个小时甚至几天。洪水受很多因素影响，包括降水的强度、降水量等。其他直接影响洪流的因素有地面的条件、土壤的湿度、地表的植被、城市的数量等，特别是河道的密封性，它加剧了洪流的发生。

河流水系上游的洪水通常是由于局部小范围地区短时间的持续强降水形成的。上游水系的洪水一般不会引起下游大江大河的洪水暴发，大的江河的水容能力要大得多。相反，下游的覆盖面积较大的洪水通常都是由于持续时间较长的大暴雨引起地表完全被水渗透而导致河水不断上涨形成的。来自支流盆地的河水注入下游主河道导致下游持续性的洪水面偏离通常情况，不断

图99
加利福尼亚州苏特郡
羽河的大面积洪水
（照片由美国地质调
查局 W.H.Hoffman 提
供）

大起大落，则会形成洪水泛滥。

　　洪水的运动受河流大小、上游支流洪水注入主河道的时间等因素的控制。当洪水沿着某个河流系统流动时，河道临时的蓄存能力使波浪的波峰减小。当支流注入主河道，下游的水流变大。支流的大小不一样，分布也不均匀，它们的洪峰到达主河道的时间也不一样，因此减缓了下游主河道的洪峰。

　　潮汐洪水溢出海堤，漫延到海岸上，拓宽了大海、河口或者大的湖泊。海岸陆地包括沙坝、岬、三角洲，受沿海洋流的影响，对大陆同样有保护作用，相当于洪泛平原对河流的作用。潮汐洪水主要是海水波浪、疾风引起的大浪、台风以及海啸等因素引起的（图100）。飓风掀起的大浪，连同伴随着暴风雨的强降水引起的洪水，也会形成潮汐洪水。洪水会在陆地上影响很

图100
1962年3月，弗吉尼亚州的弗吉尼亚海滩，在飓风中损毁的房屋（照片由美国国家海洋和大气局提供）

远的距离。

潮汐洪水持续的时间通常较短，这取决于潮汐的高度，通常每天涨一次落一次。伴随着潮汐的其他力量促使海浪叠附在潮汐的大浪之上。最严重的潮汐洪水是疾风形成的大浪叠加在规则的海浪之上形成的，是主要的影响恶劣的大风之一。每年好多次这样的飓风登陆美国大陆，带来巨大的损失。洪水剥蚀海岸造成海岸朝着大陆方向挺进。

水循环

海洋中的水蒸发形成水汽，被大气带到大陆上方形成降水，然后再通过大江大河注入大海，这一过程称为水循环（图101）。水循环是自然界中最重要的循环，如果没有水在地球上的流动，生命不可能在地球上存在。海洋占了大约地球70%的表面积，平均深度超过2英里（约32千米）。海洋的总水量大约是2.5亿立方英里（1立方英里≈41.7亿立方米）。

水从海洋中蒸发进入大气，然后降落到陆地，通过河流湖泊汇聚，最后又注入大海。这个循环完整的过程平均需要10天时间。循环过程在热带海岸地区仅仅几个小时，而在极地寒冷地区则上万年。雪降到极地冰盖地区则往

图101
水循环包括水从海洋
流向陆地,再返回到
海洋

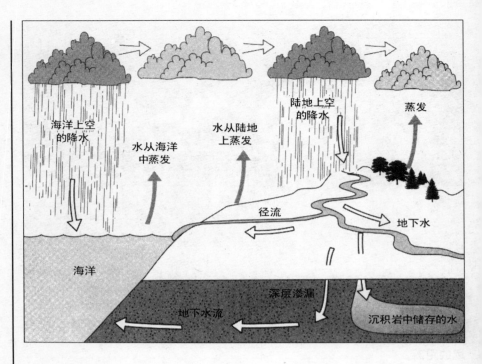

往以冰川冰山漂流的方式重新回到海洋。水进入大海的最快的途径就是通过大江大河。这是最明显的也是最重要的一部分水循环。河流提供了工商业用水、水力发电、城市居民用水、农业灌溉用水等(图102)。因此世界上许多城市都建在水道旁边。

每天有数万亿吨的水降到地面上,绝大多数返回了海洋。陆地每年接收到的总的降水量大约是25,000立方英里。大约10,000立方英里的剩余水随着洪水流失,或者被土壤、沼泽吸收。大概15,000立方英里的水从湖泊、河流、含水层、土壤、动植物身上蒸发流失。(1立方英里≈41.7立方米)

大陆接收到的大部分降水随着洪水流失,这对于陆地上土壤的分布非常重要。在一次洪水中,河流可能在流向大海的过程中多次改变河道。地表径流带给了大海矿物质还有养料,把土地冲刷干净。水对于生命的重要性是不言而喻的,但是人们常常忽视它。地表水还有地下水被人类活动严重地污染了。而且海洋中的有毒物质随着河流的注入不断地积累,这必然会对海洋生命构成危害。

图102
科罗拉多州大枢纽附近的河水灌溉

地表径流

河流不断地演变来适应环境变化带来的压力。流动的水对地貌景观的改变作用比其他任何自然力量都要明显。河流侵蚀山谷形成排水系统，在气候、地形、岩性之间求得平衡。河流通过支流把沉积物往河床运送，还有山谷侧面的斜坡侵蚀作用也不可小觑。河流挟带的沉积物在河床或者临近的洪泛平原沉积下来。河流挟带大量的沉积物不断的抬高河床迫使河流在流向大海的途中三番五次地改道。

河流把地球地貌切割得千沟万壑，崎岖不平，河流还是风化剥蚀物的主要运输通道。河流中包含悬浮物质、河床物质，还有化学溶解物。悬浮物质是细粒物质，沉积很慢，通常被河流携带很远才会沉积下来。越往下游，悬浮物质的总量会随着支流的不断注入而不断增加。悬浮负载大约占河流负载的2/3，每年大约有250亿吨的悬浮物质注入大海。

河床负载主要是水流比较快时或者发生洪水时，沿河床底部滚动、滑动的鹅卵石、漂石等，大约占河流负载的1/4或者更少。溶解的载荷是化学风化作用还有河流本身溶蚀形成的，大约占河流负载的10%。当河流流入大海，流速迅速减慢，大量的沉积载荷卸载，使得大陆边缘不断向海洋延伸。

河流侵蚀是指磨蚀和溶蚀。磨蚀是指河流搬运的物质冲洗河床底部或边缘。常见的磨蚀作用的表现类型如壶形洼地，称为壶穴（图103）。壶穴由快速旋转的水流带动石块旋转磨损河床底部形成。大部分的壶穴形成于冰河时代之后，冰川大面积融化的时候。河流本身的冲击和拖曳作用也会剥蚀和搬运物质。河流中的可溶物质大部分来源于地下水从破损的潜水面的排泄。石灰岩在弱酸性的水中被溶蚀。石灰岩也能起到缓冲河水酸性的作用，以保证水栖生命的正常生活。

剥蚀作用使得河流水道不断加深加宽加长。在河流的发源地，地形很陡，水流速度很快，通过一种叫做溯源侵蚀的方式使得河谷不断加深。这反映了河流对地貌的改造作用。在河流的下游，水流流速和水量加大，沉积物的大小和河中的沙洲都减小。这样一来，虽然河道坡度渐缓，但河流可以搬运更多的沉积物。河道的弯曲使得流速梯度减小，河流变缓。

河流侵蚀河谷，使河谷变宽变深的最有效的方式是蠕变、滑坡和横向侵

图103
阿拉巴马州塔斯卡卢
萨蓝溪口上的一块巨
石表面（照片由美国
地质调查局C.Butts提
供）

蚀。这些作用尤其表现在不规则河道曲线的河岸上。这些地方遭受严重的水流切割作用。因此，不规则的河岸线通常有助于加宽河道。许多河流都有明显对称的河曲（图104），以便把河流的能量平均分配给河道。河曲逐渐发展被河流截弯取直之后形成被遗弃的河流部分被称为牛轭湖。

　　风化剥蚀的比率取决于降水、蒸发和河流流域的地表植被覆盖等因素。河流剥蚀搬运物质的能力依赖河流的流速、水流大小、河流梯度，还有河道的形状和粗糙程度。美国的平均剥蚀速率大约为1.5英尺（约0.46米）/1000年。科罗拉多河水域的剥蚀速率最高为6.5英尺（约2米）/1000年。

流域盆地

　　流域包括从河流及其支流获取水源的整个地区。比如，密西西比河及其支流水域覆盖美国中部地区，从洛基山脉到阿巴拉契亚山脉的大部分，而且每条流入密西西比河的支流都有自己的水域，因此形成巨大的流域系统。每年大约有250亿吨的沉积物经河流搬运流入海洋，在大陆架上沉积下来。岩

图104
加利福尼亚州莫诺县曲溪的典型河曲（照片由美国地质调查局W.T.Lee提供）

石遭到雨水、风侵蚀，还有冰川风化剥蚀时皆会形成沉积物。松散的剥蚀颗粒随后被河流送入大海。像亚马逊河、密西西比河这样的大江大河每年都会搬运大量的从其各自流域风化剥蚀下来的沉积物质来到大洋。

每年密西西比河向墨西哥湾倾倒入大约2.5亿吨的沉积物，使得密西西比河三角洲不断加宽，慢慢形成了路易斯安那及其附近的几个州（图105）。墨西哥湾从德克萨斯州到佛罗里达州的狭长地带都是由内陆风化剥蚀的沉积物被密西西比河等河流搬运到海边沉积形成的。世界上流量最大的河流是亚马逊河，由于上游过度的砍伐拓荒，已造成大量的土壤流失。印度的恒河和发源于中国的雅鲁藏布江每年将从喜马拉雅山脉风化剥蚀的沉积物搬运到印度洋，这些沉积物占世界上沉积物总量的40%。

不同的河流河谷由于地形地貌各异而形成不同形式的复杂的水系网络。在岩床裸露的地区，水系模式取决于其下部岩石的岩性、岩石单元的层位以及岩石面的层理与河流的接触关系。如果岩层成分单一，河谷没有固定的方向，水系模式一般是树形的（图106），类似于树的分叉。花岗岩和水平层理的沉积岩通常表现为这种河流模式。

格子水系模式表现为矩形，反映了岩床抵抗剥蚀的能力的不同。主河道的主要支流的河床位置的岩石是平行区域中抵抗剥蚀的能力最差的地方。当河床岩石裂隙呈十子形交错时，就构成了风化剥蚀的脆弱区域，也易于形成矩形排水模式。如果水系从高处（比如火山、穹隆）向所有方向辐射，则会形成辐射状的河流水系模式。

水系模式受地形地貌和岩石类型的影响。反映了一个地区重要的地质构造特征。另外，岩石的颜色、构造的纹理也是反映岩石成分的信息。地貌的类型如穹隆、背斜、向斜、断层等都反映了地下构造的特征。水系模式随着地面岩性和岩石类型而变化。水系模式的变化是岩性特征的另一个指示。水系模式密度的变化也对应着冲积层粒度的变化。

河流相沉积也称沉积层堆积，当河流的梯度或者斜度下降，河水流量减少，河流流速减缓时，最重的物质首先开始沉积。河流的环境在河水稳定持续以前不断发生变化，比如面对阻碍物，蒸发、结冰等。河流沉积包括水体沉积、冲积扇沉积，还有河谷里的沉积。一条中等大小的河流需要100万年时间才能把它的沙质沉积向下游搬运100英里（约161千米）。沙粒表面被河

图105
密西西比河三角洲的泥沙沉积，左图为1930年的情形，右图为1956年的情形（照片由美国地质调查局H.P.Guy提供）

图106
犹他州绿河附近的树
形水系模式（照片
由美国地质调查局
J.R.Balsley提供）

水打磨得非常光滑。

沉积岩在河道中形成的几率比较小，大多数河流搬运的物质被带到湖泊和海洋。当河流流入相对大的河流或者湖泊海洋的水流相对静止的水域时，会形成河流三角洲（图107）。河流起初的流速在河流进入相对静止的水体时突然减缓，河流瞬间将所有的悬浮载荷卸载。河流的部分载荷被海流重新改造，形成海洋和湖泊沉积。

冲积扇通常形成在干旱地区，类似河流三角洲。当水流由山上流向广阔的平缓的地区时就形成了冲积扇。水流在山口平地处迅速地下降，沉积负载形成扇形的沉积体。当水流不断地改变它的位置，冲积扇变得更加陡峭、厚实和粗糙，变成为锥形。

河床沉积是河流水道的淤积层。充填物质不断累积形成各种形状的沙洲。沙洲在沿河道边，特别是在河道弯曲的内侧，围绕障碍物沉淀堆积，堆积形成淹没的沙滩和低低的小岛。这些沉积不是一成不变的，当河道环境变化时它们会被破坏，重新沉积或者改变位置。

洪水期在河流岸边会形成天然的河堤。当洪水溢过两边的堤岸涌向泛滥平原，流速突然减缓，挟带的负载物质在堤岸附近的泛滥平原沉积。河流堤岸为植物提供了一个多样的生存环境，使得河道变得稳定。沉积和营养物质流入，季节性的河水涨落形成了不同的生物环境，河水挟带、传播生物种子，形成堤岸生物种群。

河堤使得河流在正常水位时被约束在河道内。然而当汛期来临时，河水水位超过了堤坝的高度，洪水越过堤岸淹没了土地。1993年的中西部大洪水或许是美国20世纪最严重的洪水，洪水冲破了堤坝，沿决口的河流形成了几英尺厚的沉积物。人工大堤在大洪水到来时一样会决口，一样会有死亡和破坏。

当河流由于水流的变化开凿部分的洪泛平原时，在新的水位之上形成了阶地。阶地先在河流下游的低处形成，然后向河流的上游发展，从不同方向切割以前形成的沉积物。河流对岩床的横向切割也能形成阶地。最常见的阶地形成于最后一次冰川期冰雪融化的时候。融化的冰川能形成比河流更多的碎屑物质。过多的沉积物质被带入河谷。当自然环境恢复正常以后，河水向下切割这些沉积就形成了阶地。

有一种不常见的河流类型，被称人们为辫状河。当河床载荷物质相对于河流的梯度、河水的流量来说过于庞大时，就形成了辫状河。沉积物质阻塞

图107
华盛顿州奇兰渡口，奇兰河流入哥伦比亚河形成的三角洲。照片由B.Willis拍摄于1900年9月18日（美国地质调查局提供）

图108
科罗拉多州，红山穿
越乌雷南部的地方，
有一个冰蚀的U型河谷
（照片由美国地质调
查局L.C.Huff提供）

了河道中部时，堤岸很容易被剥蚀，使得河流不断地分叉又重新汇聚。河流首先沉积较粗的负载，使得河道有足够的坡度来搬运其他负载。如此，河道就会被剥蚀，河道变得越来越宽。淤积层在不同的位置迅速地沉积，使得河道被河流中心的沙坝分流然后又汇聚。

河流不断地加宽河道，当河水沿平行的河道前进时，河流不再有下切作用，河流进入稳定状态。这种状态通常出现在河口位置，那里有广阔的洪泛平原。曲流是宽河道的共同特征，特别是在由相同的沉积物组成的容易被侵蚀的沉积地区。河道可能被洪水、风化还有大量的废弃物加宽。许多河流在冰川期被冰川加宽，使得V型河谷变成U型河谷（图108）。

河水被河道沉积阻塞，使得河水漫过堤岸，淹没平原，重新开凿出新的河道。在这个过程中，河流的下游河道变得蜿蜒曲折，形成厚层的、宽阔的沉积可能填充满整个河谷。河流蜿蜒流过平原，风化剥蚀最严重的部位是河曲的外侧。其结果是形成陡峭的切割河岸。然而，在河道弯曲的内侧，河水流速相对较缓慢，大量的悬浮物质沉积。发洪水的过程中，蜿蜒的河道通常选择捷径，把弯曲的河道打通形成直道，直到沉积重新形成新的河曲。与此同时，原来弯曲的被切断的河流变成了牛轭湖。

大河也可能吞没旁边的小河（这就是常说的河流"袭夺"），形成更宽阔的水域。小河成长为主河流以牺牲其他河流为代价，它拥有更大的水量，剥蚀较软的岩石，或者形成更陡的河道。如此，河流溯源侵蚀作用加快，一路切割其他的河流，使得不同的水道合并。

洪泛地区

河流横向的迁移，河水溢过河道，共同形成了洪泛平原。洪泛平原周期性地被洪水淹没，形成新的沉积。河道水流漫过堤岸，河流进入洪水期。这种超过正常水位的情况通常会造成洪泛平原的经济和财产损失。不幸的是，当洪水发生时，人们才意识到洪泛平原的合理的管理、使用是那么的重要。

洪水是典型的自然灾害，人们不断地在洪泛平原上建筑房屋，却没有意识到潜在的威胁。洪水区域性规律和防洪工程通常是基于50年或者100年这样短期的统计规律。这使得预测危险的大洪水变得非常困难。而且由于气候的变化，在连续的年份里有可能连续地发生洪水。

洪泛平原的天然作用是在洪水期泄洪。人们没有认识到洪泛平原的作用，随便地在洪泛平原繁衍发展，结果发生洪水的可能性更大了，危险性也随之增加。洪泛平原提供了平整、肥沃的土壤，洪水释放的通道和可能的水源供给。然而由于经济发展的压力，这些地方不断地被开发，忽略了洪水的威胁。结果美国政府不得不花费更多的钱来抵抗洪水，减轻损失。

尽管洪水防护计划在执行，然而人口向洪水易发地区迁徙的速度远远超过了防洪计划建设的速度。因此，更大的经济损失可能只是时间问题，更大的洪水可能造成洪泛平原更严重的剥蚀。人口迅速的增加，洪泛平原面临更大的压力，人们却没有足够的重视。通常人们在洪泛平原建造房屋，事先没有人通知他们可能潜在威胁，当洪水发生时他们就向政府索要重建费用。

总长度大约有350万英里的河流在美国流淌，有超过6%的地区属于洪水易发区。（图109）美国大部分的人口和经济发达区集中在这些洪水易发地区。有超过20,000个社区存在洪水问题。这些社区中有超过6,000个社区的人口数量超过2,500人。由于人口的增长，现在的洪水破坏性更大了。比如，1973年和1993年的密西西比河洪水，1978年路易斯安那和密西西比的珍珠河洪水，1997年的红河大洪水堪称美国历史上损失最严重的洪水灾害。

图109
美国的洪水易发区

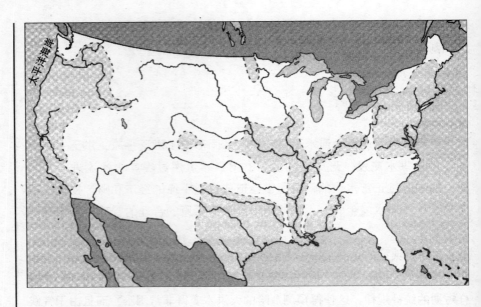

太平洋海岸

洪水不但威胁人类生命，而且造成财产损失、庄稼毁坏、经济发展停滞等。美国每年由于洪水造成的经济损失从20世纪初的100，000美元上涨到现在的超过40亿美元。今天的美国每年有100多人死于洪水。如果我们在洪水易发地区做好预防工作，可能能确保更多的人的安全。

水文图

利用卫星提供的数据可制作各种水文图，精确地掌握积雪覆盖面积、海洋冰块的延伸、河流水流和洪水的情况。1973和1993年密西西比河洪水，1978年的肯塔基州河洪水，1978和1997年的红河洪水，卫星数据显示的河水水位都达到了历史记录。局部地区的积雪覆盖图对于预测来年解冻时河流的洪水非常有用。1982～1983年冬天不正常的降雪使得科罗拉多的落基山脉的积雪异常地加厚。春天解冻时科罗拉多河的水位达到了历史记录。1993年历史又重新回到了1983年。

卫星获得的图片和数据被用来监测美国和加拿大河流系统的积雪覆盖情况。许多国家机构和民间组织（如公用事业公司），利用流域积雪覆盖图来预测来年可能发生的水灾。积雪数据对于大坝和水库的管理也是非常有用的，可以调节洪流的模型来适应洪水。设计这些模型来模拟和预测流域每天的水流情况，因为积雪融化是河流主要的水源。对于西部地区而言，预测季节性的洪水显得更为紧要。

　　分析卫星数据产生的积雪覆盖图有几种不同的方法。最简单是用光学转换仪器来放大和调整卫星图片，获得覆盖整个河流水域图。然后人工从图片上识别出雪线，绘制成图。另一种方法就是利用计算机图像处理系统，计算机程序自动地监测和识别雪线图。第三种方法也是利用计算机，通过分析地形类型、阳光入射角度，利用像素来确定积雪的面积。

　　积雪图只是反映了积雪的面积，而没有反映积雪的厚度。积雪的厚度需要人为地从野外探测。积雪数据被数字化之后，存储在计算机磁盘中，从中可以观察到每月的气候性的积雪异常及其发生的频率。除此之外，整个大陆的或者局部积雪覆盖图可以通过计算美国大陆积雪覆盖周期获得。

　　卫星数据可以用来探测和确定冰层覆盖，还有河流冰块堵塞。特别是北方的河流，冰塞是很大的问题。河流冰体的监测对于水电站、桥梁还有海上导航非常重要。冰块在突然破裂或者形成阻塞时会引发河流洪水，威胁下游的居民区（图110）。通常河坝、河道弯曲，还有主河道中心滩造成的分叉均可使得冰块被阻拦下来。

图110
Passumpsic河的冰塞导致佛蒙特州圣约翰斯伯瑞中心的洪灾（照片由美国农业部土壤资源保护局提供）

卫星数据也被用来监测巨大的台风山洪。从卫星推测降水量和降水趋势可以帮助气象学家还有水文学家了解大的降水事件，并且做好预测工作。尽管建了许多的防洪工程来保护人们的生命财产安全，美国每年因洪水带来的损失仍超过10亿美元。为了更好地减小洪水带来的损失，科学家和政府部门必须掌握更准确的资料来预测洪水发生的时间、地点、强弱程度等。计算机模型可以用来模拟洪水发生的强度范围以及如何来减少损失。

防洪

如果我们采取一定的预报警告，洪水最终造成的人员伤亡和财产损失会大大地减少。影响洪水破坏程度的因素很多：洪泛平原上的使用面积，洪水的速度、深度，洪水发生的频率、持续的时间，一年中洪水发生的时间，沉积物的沉积数量，台风洪水预报的准确度，还有相应的洪水的应急措施。

由于急速的洪流及其挟带的碎屑物质、沉积物等，洪水造成的直接后果是人员伤亡，房屋以及其他建筑物的损毁。除此之外，洪水对地面的风化剥蚀，洪水的沉积作用，皆会造成大量的水土流失、植被破坏。间接的

图111
路易斯安那州新奥尔良附近，工人们修补被淹没的背水堤（照片由美国陆军工程兵团提供）

后果包括河水的暂时污染，食物供应的短缺，疾病的传播，还有，人们不得不离开自己的家园迁徙到其他地方。洪水还会造成输电线路短路，天然气供应中断。

　　洪水预防包括修建工程建筑（如堤坝、防洪墙等）来拦截洪水（图111），修建水库来蓄积洪水然后以安全的流速释放，加大河道的宽度使得迅速泄洪，开凿河道改变洪水的流向以保护可能被洪水侵犯的地区。最好的减小洪水损失的办法就是规范洪泛平原地区的建设，建造水库、堤坝，改造河道等，使洪水易发地区人们的生命和财产安全得到保障。为补偿1993年中西部洪水造成的损失，美国联邦政府提供了资金让居民往高处搬迁。

　　河堤等防洪设施有时会使得洪水加剧，因为河堤使洪水被限制在狭窄的河道中，无法自然地排向洪泛平原，洪水的能量无法释放。依靠天然的沼泽地来修建防洪设施可使洪水的破坏作用明显减少，起到了更好的泄洪作用；另一方面，也避免了修更多的河堤、防洪工程。湿地沼泽能够吸收多数的洪水，但是对于大洪水来说就没有多少作用了，尤其是在大雨已经使得土壤含水量达到饱和的时候。

　　市政当局应该限制那些需要新修防洪设施的洪水易发地区的发展。最实际的解决办法就是结合洪泛平原和防洪设施的作用，尽量不去改变河流系统本身。因此合理的设置洪泛区域就可以减少防洪设施的投入，这比没有洪泛区域更能起到抗洪的作用。

　　美国政府花了数十亿美金来修建防洪设施。绝大多数都是水库（图112），这些水库有的超过了河流水流的比率，在洪水期可以吸纳增大的洪流。大坝同样可以用来发电。之外，水库解决了地方的饮水，提供了河道导航、农田灌溉、养鱼场所，还有提供了一些娱乐设施。然而，集水区没有合理的水土保持措施，泥沙在水库沉积会严重影响水库的寿命。

　　制定合理的洪泛平原的规划制度能够最大限度地利用洪泛平原减少洪水的破坏以及花在建设防洪设施上的花销。制定洪泛平原规章的第一步是绘制洪水图，提供合理的洪水信息以便进行合理的计划安排。洪水图反映了该地区以往的洪水情况，可以帮助制定洪泛平原的规划。这些规划是在完全拒绝使用洪泛平原这个自然资源导致洪水威胁人民财产安全和部分发挥洪泛平原的作用之间找到平衡点，期望最大限度地减小洪水造成的灾害。只有当人们完全认识到洪水的危害时，才能充分利用大自然留给人们的资源来释放洪水泛滥时的多余的水。

图112
内华达州与亚利桑那州交界处的胡佛大坝和米德湖（照片由美国地质调查局提供）

在讨论了洪水的影响及其对人类社会的危害后，下一章我们把视线转移到干旱的环境——沙尘暴肆虐的沙漠，包括沙漠侵蚀、沙尘暴、沙丘、干旱尘暴区。

7

沙尘暴
移动的沙子

这一章论述了发生在沙漠地区的地质灾害。沙尘暴一种是非常可怕的气象活动。在世界上的许多地区，沙尘暴都给人们的正常生活带来了显著的影响。沙尘暴可以直接威胁到生命安全，严重的沙尘暴会致使人和动物窒息而死。沙尘暴的另一个直接威胁是土壤侵蚀，表层的土壤可以被风全部扬起并被带到很远的地方。

19世纪30年代，干旱地区的沙尘暴是美国最严重的生态灾难（图113）。美国大平原上大量的表层土被风吹走并沉落在其他地方，致使那里的一切常年掩埋在厚厚的沙土之下。大量的沙尘暴掠过大草原，在每英里的距离上搬走了超过150,000吨的土壤沉积物。后来，大面积农业耕作的实行，使得美国以及世界上其他国家的沙尘暴威胁有所降低。但不幸的是，世界上还有许多地区依然遭受着沙尘暴和土壤流失的危害，使得土地变得贫瘠无力，无法养活当地的人口。

沙漠

　　沙漠是世界上地貌变化最为剧烈的地区，风挟带沙子作不断的飘移，加上其他沙漠独有的地质现象，使得沙漠上的景观一日内沧海桑田。巨大的沙暴和尘暴在沙漠地区肆虐，不断地刻画和改造着干旱地区的地形。强烈的沙尘暴挟带着千万吨的沙土遮天蔽日。沙丘被大风夹挟着不断地翻滚，吞没途经的一切事物。有一种奇特的地质现象叫做海岸沙漠，这是一片和海洋相邻的沙漠地区，例如沿着非洲的纳米比亚海岸延伸的纳米布沙漠（图114）。纳米布沙漠可能是世界上最大的海岸沙漠。

　　在最后一次冰河时期，降水量的降低使得世界上许多的地方变成了沙漠。沙漠中风力远较现在强劲，形成巨大的沙尘暴遮挡住了阳光，使得地球环境更加寒冷。当天气转暖，巨大冰山开始向两极地区撤退的时候，处于热带的非洲和阿拉伯地区开始在一个陡然变暖的时期内干旱，导致了距今12,500～14,000年前的那次沙漠的迅速扩张。

　　距今6,000～12,000年前的那段时期是异常的丰水期，今天非洲地区的大部分的沙漠在当时都被植被覆盖，甚至还有几个大的湖泊，撒哈拉沙漠南部边缘的乍得湖是现在面积的几倍；美国西南的莫哈韦沙漠还有附近的几个沙漠地区降水充沛，植被茂密，当时犹他州大盐湖的海岸线位于现在盐湖周边的盐滩之上。其后是气候适宜期，这段气候适宜期从距今6,000年前开始大约持续了2,000多年，这段时间气候异常温暖潮湿。大约距今4,000年前，气温开始剧烈下降，气候变得干燥，昭示着沙漠的回归。

通过研究植物花粉化石，人们发现撒哈拉沙漠以前曾经被草和灌木覆盖，直到一个不明原因的环境灾难的降临，使得水分被蒸干，所有的东西都消失了，只剩下沙子。距今7,000～6,000年前是一段相对温和的干旱期，随

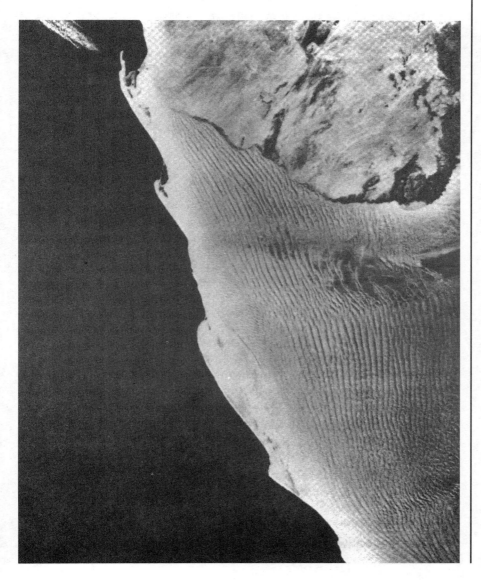

图114
纳米比亚纳米布沙漠北部的线状沙丘（本图由美国地质调查局的E.D.McKee提供）

后从距今4,000年前开始是一段持续400年之久的严重干旱期。很明显，季风带给撒哈拉的降水使得环境更加不平衡，本已脆弱的撒哈拉自然植被几乎全部死亡。植被的减少使得降水进一步减少，这就产生一个恶性循环，导致沙漠化的产生。最终结果是干旱卷走了所有的沙漠植物和动物的生命，如此巨大的浩劫使得居住在沙漠上的居民不得不离开自己的家园，迁徙到尼罗河、底格里斯河还有幼发拉底河谷区去开发新的居住地。

　　诸多线索都能为科学家提供过去环境变化的有用信息。其中树木的年轮（图115）是指示过去气候变化的理想标志。一般来说，年轮越宽说明气候越适宜，降水越丰富；相反，干旱或寒冷的环境，由于生长条件较差，年轮

图115
树木的年轮研究样品（本图由美国地质调查局的L.E. Jackson Jr.提供）

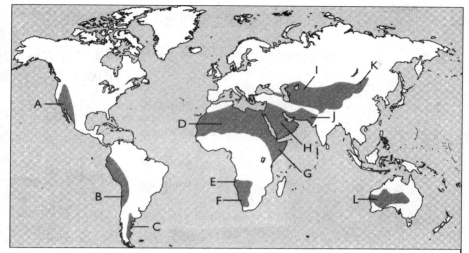

图116
全球沙漠主要分布区：A —北美沙漠，B—秘鲁阿塔卡马沙漠，C—巴塔哥尼亚沙漠，D—撒哈拉沙漠，E—纳米布沙漠，F—喀拉哈里沙漠，G—索马里沙漠，H—阿拉伯沙漠，I—土耳其斯坦沙漠，J—伊朗沙漠，K—戈壁沙漠，L—澳大利亚沙漠

一般都比较窄。通过分析狐尾松（世界上寿命最长的植物）的年轮，科学家们已经建立了美国西部上溯至距今1,600年前的干旱指标记录。通过测量古老的、保存良好的树木的年轮，研究人员甚至可以推测到距今7,000年前的古气候历史。

通常人们认为，沙漠是一片缺少动植物活动的不毛之地。但事实上并非如此，沙漠中的沙子还在不断地流动，地貌在不断地发生改变。有时候沙漠覆盖了人类的居住区，或者其他的人类活动场所，常常造成相当大的损失。而沙尘暴则是更加具有威胁性，因为它从来不问自己挟带的成千上万吨的尘土和沙子是否受到人们的欢迎，就铺天盖地地来了。

沙漠中荒无人烟，是世界上最热最干旱的地区。目前地球上约有1/3的陆地面积被沙漠覆盖（图116，表6）。沙漠地区的年平均降水不到10英尺（约3米），而蒸发量往往超过降水量。由于这些严酷的条件，所以说沙漠地区如果没有人工供水，人类将很难在那里生存。世界上绝大多数的沙漠荒地只有在特定的季节里才能获得少量的降水。而一些地区甚至好多年都没有一滴降水，如埃及西部的沙漠。

当降水来临时，通常都是局部强烈的降水，会造成严重的洪涝灾害。典型的沙漠降水都是短而急的倾盆大雨，很容易造成数英里内洪水的泛滥。干枯河道的水位迅速上升，一旦洪水的波峰流过沙漠时，水位也会快速地下降。最终洪水或者流入低浅的湖泊（很快就会干涸），或者渗入已经被烤干

表6　全球主要沙漠

沙漠	地理位置	沙漠类型	面积（平方米×1,000）
撒哈拉沙漠	非洲北部	热带沙漠	3,500
澳大利亚沙漠	西/中澳大利亚	热带沙漠	1,300
阿拉伯沙漠	阿拉伯半岛	热带沙漠	1,000
土耳其斯坦沙漠	苏联中南部	大陆沙漠	750
北美沙漠	美国西南部/新墨西哥	大陆沙漠	500
巴塔哥尼亚沙漠	阿根廷	大陆沙漠	260
塔尔沙漠	印度/巴基斯坦	热带沙漠	230
喀拉哈里沙漠	非洲西南部	海岸沙漠	220
戈壁沙漠	蒙古/中国	大陆沙漠	200
塔克拉玛干沙漠	中国新疆	大陆沙漠	200
伊朗沙漠	伊朗/阿富汗	热带沙漠	150
阿塔卡马沙漠	秘鲁/智利	海岸沙漠	140

的干燥沙粒中。随后的几个月或者几年中都不会再有降水。

　　世界上绝大多数的沙漠位于亚热带，一般在南北纬15～40度之间。在北半球，一条沙漠带从北非的西海岸延伸穿过阿拉伯半岛、伊朗、印度，一直蔓延到中国。在南半球，另一条沙漠带横穿南非、澳大利亚中部和南美的中西部。温暖潮湿的水汽在热带地区上升，形成高气压，到达亚热带地区时潮湿空气就非常少了。在亚热带地区，干燥的空气冷却下沉，形成半永久性的高压区，称为阻塞高压。顾名思义，阻塞高压阻碍了大气冷暖气流推进到这些地区，使得那里的天空格外晴朗，基本上没有风和降水。

　　高山也对大气环流起到阻碍作用，使得降水云团被迫抬升，在高山的迎风坡形成降水。这样在高山的背风面就会形成降雨稀疏区，造成降水不足，美国西南部的沙漠就是由这种原因形成的。来自太平洋的潮湿气流遇到内华达山脉和其他的加利福尼亚山系的阻挡，被迫上升冷却形成降水，造成东部地区干旱炎热。通常，在太阳照射下沙漠中的泥巴迅速烘干收缩，形成具有多边形外形的泥块（图117）。

由于沙漠的颜色一般都比较浅，因此反射率（反射太阳光线的能力）很高（表7）。沙漠中的沙子白天吸收太阳的热量使得表层被烘烤，温度上升到超过65℃。然而在沙漠地区，由于晚上的天空一般都很晴朗，沙子的比热容较小，热量会迅速地被释放。使得沙漠地区晚上的环境变得异常寒冷，甚

图117
加利福尼亚弗雷斯诺县干枯的河床上泥流沉积的干裂（本图由美国地质调查局的 W.B.Bull提供）

表7　不同地表的反射率

地表类型	反射率（百分比）
云，层云	
厚度<500英尺（约152米）	25～63
厚度在500～1,000英尺（约152～304米）	45～75
厚度在1,000～2,000英尺（约304～608米）	59～84
平均类型和厚度	50～55
新鲜的雪	80～90
旧的雪	45～70
白沙	30～60
微土（或沙漠）	25～30
混凝土	17～27
潮湿的新翻土	14～17
绿色农作物	5～25
绿色草地	5～10
绿色森林	5～10
黑土	5～15
黑色道路表面	5～10
水，依赖太阳入射角	5～60

至在夏季白天沙漠中的温度特别高，到了晚上也会降到0℃左右。沙漠地区的温度差异是地球上所有环境中变化最大的。

只有那些生命力极强的生物才可以在沙漠中生存，比如一些植物，它们的种子可以在干旱的环境中保存50年；还有一些啮齿类动物，它们一辈子消耗的水不到一呷之量，只靠自身新陈代谢产生的水来生活。植物和动物各自有着不同的适应方式在沙漠这个恶劣的环境中生存。它们在沙漠中能够生存的关键是它们可以很好地保存体内的水分，延缓新陈代谢，在最干旱的季节也能维持生命。

许多的植物可以把水分储存在它们的躯干中，比如墨西哥西北部和美国西南部的索诺拉沙漠的巨人柱仙人掌（图118）；其他植物利用吸取早晨空气中凝结的露水等方式汲取水分。在每天最热的时候，动物们纷纷退回地下的洞穴，因为洞穴中的温度通常要比地表温度低很多。即使在地下仅仅几英尺（约1米）深的地方，温度也比地表低好几度。沙漠中的矮树丛里空气相对凉爽，也是动物们喜欢的栖息地。

当短暂的雨季来临时，水生（比如鱼）和两栖的物种在它们主要栖息的水塘干涸之前迅速地产下卵，然后动物们退回到泥下的洞穴中休眠起来，等待下一次雨季的来临。当雨季再次到来时，动物们重新苏醒，它们的卵被孵化，然后新的生命循环开始。

我们知道有些鱼是可以用肺呼吸的，它们可以离开自己栖息的干涸的池塘，有时候爬行相当远的距离来到另外一个新的水塘。肺鱼生活在非洲季节性干涸的沼泽中，需要等待很长的时间才能等到下一次雨季的到来，才会重新有水。肺鱼爬入泥下潮湿的洞穴中，留一个通气孔通向地面，只靠简单的肺呼吸空气，减慢新陈代谢的速度。因此，如果雨季迟迟不来，它们可以在没有水的环境中生活几个月，必要的情况下甚至一年或者几年。当雨季到来时，池塘被重新充满水，它们就苏醒过来重新靠鳃正常呼吸。

图118
亚利桑那州派纽县迷信山西坡的巨人柱仙人掌和其他植物（本图由美国地质调查局的W.B.Hamilton提供）

非洲的纳米布沙漠中栖息着一种漂亮的小虾，它们卵的休眠期可以长达20年或者更久。当极少的雨水降落在浅池塘中时，它们就又纷纷地出现了。这种小虾必须赶在池塘被沙漠中炽热的太阳蒸干之前把卵产好，然后池塘再一次枯涸变干裂。

位于南极洲的麦克默多海峡和南极横断山脉之间的干涸峡谷不仅是世界上最寒冷的地方之一，而且也是世界上最干旱的沙漠之一。每年降雪量不到4英尺（约1.2米），而且大部分还被速度高达每小时200英里（约322千米/小时）或者更大的强风吹走。只有极少的生物可以在这里生存，包括生活在冰川底部湖中的蓝藻、绿藻、土壤细菌，以及一种个头很大但是不会飞的苍蝇。南极仅仅生活着两种开花的植物，由于近年来极地气候开始变暖，它们也已经遭受人类活动的破坏。生活在南极洲沙漠中的苔藓是十分脆弱的，如果被破坏了，需要一个世纪的时间才能恢复。南极洲岩石下的小孔洞中发现有苔藓的存在，激发了人们的思索，科学家们认为在火星上可能有相同的生命形式存在，因为火星的寒冷气候与南极有很大的相似性。

沙漠化

世界上的沙漠正在侵占更多的土地，蚕食吞没着邻近的半沙漠草原。由于自然和人为的活动，越来越多的土地正在迅速地沙漠化，每年沙漠增长面积大约在15,000平方英里（约38,850平方千米），仅比莫哈韦沙漠面积小一点。沙漠化的主要原因取决于过去几千年里自然气候持续增长的干旱。纵观全球，从距今6,000年前农业时代开始以来，由于对土地的滥用，大约有两个美国那么大面积的土地变成了荒漠。

单就北美洲而言，估计有超过11亿英亩（约446万平方千米）的土地已经沙漠化。美国西部很多地区在150年前还是大片大片的草地，现在都变成了沙漠或半沙漠的不毛之地。北美沙漠是同种类型沙漠中排名世界第五的大沙漠，从华盛顿的中东部弯曲地延伸到墨西哥北部，穿过西德克萨斯的格兰德河一直延伸到加利福尼亚的内华达山脉。覆盖面积达500,000平方英里（约130万平方千米）的土地，囊括了大盆地、索诺拉和莫哈韦沙漠。

在过去的10,000年间，地球上气候异常温和，没有大的气候变化，使得人类快速地繁衍。大约距今5,000年前，腓尼基人迁徙出了撒哈拉沙漠，并在地中海的东海岸定居下来。在这儿他们建立了提尔、西顿（今天的黎巴嫩）等大城市。那时这里的山区，土地还被密密麻麻的雪松覆盖，是该地区主要的木材来源。当沿海平原地区的人口过于密集，一部分人就搬迁到半山坡上居住，他们砍伐森林、垦荒种田，造成了严重的水土流失。今天，过去1,000平方英里（约1,609平方千米）的森林所剩无几，光秃秃的山坡上布满了横七竖八的古老梯田，估计是古老的腓尼基人期望利用梯田减少水土流失，实际上这并没有多少成效。

叙利亚北部古代一些繁荣的城市现在都衰败了。这些古代的居民把森林砍伐后种田，以出口橄榄油和酒闻名，使这些城市一度十分繁华。在波斯人和阿拉伯人入侵之后，农业遭到破坏，大约6英尺（不到2米）厚的土壤从山坡上被剥蚀掉了。今天，在过去了1,300年之后，曾经繁荣的土地几乎完全被破坏了，没有了土壤、水源和植被，成了人为造成的沙漠。

肥沃新月地带是两河流域文明的发源地，也就是现在的叙利亚和伊拉克，位于中东的腹地，养活着170～250万的人口。大约距今6,000年前，由于闪族人的过度灌溉，造成土壤中盐分的不断积累，今天这些地方几乎变成了不毛之地。北非的山区在过去曾经被植被和森林覆盖，这里曾经是罗马帝国的中心腹地，为罗马帝国提供粮食和肉类，但是现在这里大部分都被埋于滚滚黄沙之下。

大约距今5,000年前，在莫索不达米亚平原，为满足大面积的灌溉等水利工程的需求，成千上万的劳动力日夜劳作，并衍生出一个中央集权的统治体系。这里在几千年前还是一个宽松平等的社会，在那个时候已经从农业社会变成了一个独裁社会，拥有国王、奴隶主和奴隶等级森严的阶级制度。各国还拥有组织严密的庞大军队，为争夺肥沃的农田在这片土地上不断地相互厮杀。

世界上有超过10%的农田需要水利灌溉，每年大约需要600立方英里（约2,501立方千米）的水。美国现在有近1/4的农田需要灌溉（图119），是二战时期灌溉土地面积的三倍。在过去，大强度的灌溉曾经使美国西部的沙漠地区变成了富饶的农田，但是现在成千上万英亩的土地被盐碱化了。或许我们真的可以从闪族人那里获得一些教训。

非洲中部的萨赫勒地区在过去几乎全部被热带雨林覆盖。它位于撒哈

图119
加利福尼亚英佩瑞尔
县的灌溉棉田（本图
由美国农业部土壤保
持管理局提供）

拉沙漠的南部，宽度达250英里（约402千米），从西海岸到东海岸贯穿整个非洲中部。大约1,000多年前，萨赫勒的游牧民族在这里以游牧和打猎为生。他们通过砍伐森林焚烧树木来改善牧场质量，把自然的森林变成了广袤的草原。19世纪当殖民主义者瓜分了非洲这片土地，他们逼迫萨赫勒人定居下来，变成固定的农民和牧民。由于过度放牧和土壤流失，使得萨赫勒变成了大面积的人造沙漠。

20世纪70年代到80年代，是非洲最糟糕的干旱期，向南推进的撒哈拉沙漠侵吞了萨赫勒地区，以每年3英里（约4.8千米/年）的速度吞没了途经的一切。在这20年里，中非75%的草原牧地都被撒哈拉沙漠的沙子蚕食掉了。沙漠向南推进了大约80英里（约129千米）。非洲的南部大陆形成了大面积的干旱地带，使得土地被烘干，饿殍遍野。

沙漠化使得环境退化，归根究底是人类活动和气候变化造成的。每年大约几百万英亩的草原和肥沃农田由于土壤侵蚀而消失。当土壤由于被侵蚀而失去表层土，剩下不肥沃的粗粒沙子（图120）残留下来然后就形成了沙

图120
土壤剖面，指示了富含有机质的表层土和下面的沙质贫瘠的下层土（本图由美国农业部土壤保持管理局的B.C.McLean提供）

漠。沙漠化是一个全球性的问题，但是在中非尤为严重，撒哈拉沙漠在稳步向萨赫勒地区不断推进。沙漠本身又有一个自我保护的能力，因为沙子的颜色浅，能够反射更多的太阳光线，在沙漠上空形成高压区，使得湿润的空气被阻挡在外面，在沙漠中不能形成正常的天气现象，很少有降水。

沙漠化作用因为缺少植被而在不断地恶化，会使陆地上暴发山洪、蒸发和剥蚀率加大、转移大量土壤的沙尘暴等危害的发生率大大提高。被剥蚀的岩石反射率更高，造成降雨减少，剥蚀会变得愈发严重。这就造成沙漠不断蚕食周边肥沃的土地。世界范围上大约已经有1/3或者更多的肥沃土地因为遭受剥蚀和沙漠化而变得贫瘠。而且，不合理的灌溉方法造成1/2～3/4的灌溉土地面临盐碱化的危险。

全球热带雨林的面积曾经是欧洲面积的两倍。今天，雨林的面积减少了一半，都变成了农田。发展中国家的人们为了提高生活质量，他们首先将森林砍伐，将沼泽湿地排干以发展农业。农民通过砍伐烧荒的浪费方法来开垦农田，他们把树木砍倒，然后将树木焚烧，产生的灰烬用来给土地施肥，使贫瘠的土壤变肥沃。一年或者两年不合理的种植和放牧以后，土壤就会重新变得贫瘠，农民不得不放弃这些土地重新寻找更多的土地去砍伐、焚烧、种植。被抛弃的土地失去了雨林的保护，很容易遭受侵蚀而发生水土流失，因为植被无法再在这些土地上生存，无法抵御风雨的侵蚀。所以说一旦土壤被破坏了，已经存在了长达3,000万年的热带雨林就不会再恢复了。

为满足养牛畜牧业的土地需要，发展中国家正以空前的速度砍伐热带雨林，大量的土地遭到破坏，牛肉却通常以相对便宜的价格出口到富裕的国家。两年过度的农业生产就会剥夺掉土壤中的养分。由于世界上绝大多数的农民无法支付昂贵的化肥，他们被迫放弃贫瘠的土地。农牧后的土地更容易遭受侵蚀，最后通常只剩下裸露的岩石。

大多数的非洲农民没有钱来购买昂贵的化学肥料。原来他们用动物的粪便来给农田增肥，由于过度的森林砍伐，用来提供燃料的木材的面积减少，他们被迫改用动物的粪便来充当燃料。而且，沙漠化使得土壤保持水分的能力降低，使土地的生产力和抵抗干旱的能力进一步减小。因此来说，非洲的饥荒都是人类给自己造成的灾难。

雨林的破坏导致了雨林地区自身的气候模式发生改变，使得森林变成了荒漠。雨林的不断破坏也使它们吸收人类工业活动产生的二氧化物的能力明显下降。气候越来越热，使得北半球的很多地区已经变得十分干旱，森林大火泛滥。如果气候继续变热，那么大规模的森林大火将会更加频繁，会大大地减少森林和野生生物栖息地的面积。

全球热带雨林面积的减小，使得地球的反射率增加，导致地面的降水减少。森林大火产生的灰烬，飘浮在半空中，吸收了照向地面的太阳光，这种情况在亚马逊河流域特别显著（图121）。燃烧灰对太阳光的吸收加热了森林上空的大气，使得大气温度体系变得很不平衡，从而使大气温度随海拔升

图121
1989年秋一场森林大火几乎使南美的1/3都处于浓烟之中（本图由美国航空航天局提供）

高而升高，但这正好和正常情况相反。所以说，大量的热带雨林大火产生的大气灰将会导致全球气候系统的异常。

变化的气候模式会给雨林带来额外的压力，雨林的树木之间相互传染疾病，造成大量的树木死亡。而且在正常情况下，雨林的高蒸发率有利于在雨林上空形成更多的云团，从而为雨林带来充足的降水。然而在人们砍伐了树木以后，这种循环就被破坏了，由此导致的强降雨会引发山洪，给河流两岸的生物带来灾难。

沙漠化的扩大会带来严重的土壤侵蚀，使河流中负荷的沉积物太重，给下游带来相当大的麻烦。非洲是世界上水土流失最严重的地方，结果，非洲一些大的河流都因携带了太多的沉积物而不堪重负，而另外一些河流则完全干旱。季节性洪水急流剥蚀了印度北部喜马拉雅山的丘陵地带，大量的冲积物被恒河和雅鲁藏布江一直带到孟加拉湾，对孟加拉国造成了严重毁坏，几千人在洪水中丧生。由于河流源头发生沙漠化，南非的亚马逊河在洪水期水流骤然增大，容易发生洪灾。沙漠化和土壤侵蚀也使世界上其他的河流被迫挟带更多的沉积物。

沙漠侵蚀

小水系地区如果碰上倾盆大雨会造成沙漠山脉的侵蚀，会在山口前缘形成由沙子和砂砾组成的沉积扇。当外形陡峭的山脉前缘后退时，会在岩床上留下一个光滑的平面，叫做山前侵蚀平原（一种由侵蚀引起的在另一陡的倾斜底面上的宽而缓缓倾斜的岩石层面，其上通常覆盖着冲积土）。它一般有一个向上凸的斜坡，坡度高达7℃，这主要依赖于沉积物颗粒的粒度和地表径流的大小。从山中流出的河流在山前侵蚀平原上不断改变着流动方向，忽前忽后，其运动方式如同冲积扇的形成一样。最终，山脉会被剥蚀到平原的高度，只在山前侵蚀平原上残留着一些星星点点的小山丘。

美国西南部的盆地山脉区（盆岭区）代表了沙漠中水系发展的模式。这个地区包含几个由相对年轻的断层形成的山脉，山间盆地是低洼的地区，在雨季常常形成几个湖泊。湖泊相的沉积物随处可见，地面就是干枯的湖底，又叫干荒盆地。这些都是碱性湖，湖水中含有浓度很高的盐分和其他可溶性矿物。当湖水被蒸发殆尽时，这儿就变成了碱性平地，如犹他的大盐湖沙漠（图122）。

　　只有在沙漠和半干旱地区，风才是一个活跃的侵蚀、搬运和沉积的地质营力。由于沙子表面可以迅速地变冷变热，这种快速的冷热交替作用在沙漠中可以形成一些世界上的最强风。强风促使沙暴和尘暴的形成，它们在一起可造成风力侵蚀。风对岩石的侵蚀叫做风蚀作用，风暴可以将大量的沉积物搬运走形成一个风蚀盆地。风蚀作用往往发生在干旱贫瘠没有植被覆盖的地区，如沙漠和干旱的湖床。在一些地区，风蚀作用可以在岩石上拍打出凹洞叫做风蚀洞穴，可以依靠其特有的凹面特征分辨出来。在沙尘暴中风将小的土壤颗粒都吹走了，久而久之地面就会变得十分粗糙。留下的砂砾就会随风在地上滚动、蠕动或者跳跃，直到遇到障碍物，在这儿堆积下来并形成一个沙丘。

　　通常情况下，在那些细粒物质被风带走后，依然在原地留下一层砾石以保护下面的岩石不受更大的风蚀。经过几千年以后，沙漠表面会有一层保护层——砾石层，由于长期的暴露，砾石层表面都包裹上了一层沙漠漆，由从岩石中渗出的镁和铁的氧化物组成。表层的砾石一般都很好地嵌入在沙层中，大小变化比较大，从豌豆到胡桃般大小都有，所以它们都比较重，沙漠中的强风不能把它们吹起带走。这个砂砾层有利于保持住下面的沙粒不被风吹走，以使沙漠中的地形稳定下来。如果沙漠表面的这层保护层受到扰动而

图122
1903年时犹他州托勒县辛普森山西南的大盐湖沙漠的南端（本图由美国地质调查局的C．D．Walcott提供）

发生破坏，就会导致一个新的沙丘移动和沙尘暴肆虐的时期，沙尘暴将沙土沉积物从一个地方带到另一个地方，影响范围特别大。

　　磨蚀是另外一种沙漠侵蚀的方式，它是由风携带的沙粒像喷砂器一样对悬崖基部的岩石造成侵蚀。一般表现为直立岩石表面的砾石、砂砾、磨蚀洼地、蚀刻、沟槽和蚀刻（图123）。磨蚀作用也会将卵石或砾石磨蚀成多个磨光面（依赖于风向或岩石运动），而且边棱清晰鲜明，这种有着不规则外形的石块称为风棱石。由于长期的暴露，沙漠地区的巨大砾石一方面因为沙漠漆使它们变暗变黑，另一方面其表面又因受到风沙的磨蚀而变亮。在强的沙暴袭击过程中，沉积物颗粒一般在地表两英尺的高度内运动，这种情况下剥蚀作用最强。磨蚀作用一般在栅栏柱和电线杆的基部表现得最明显。

　　沙子兼有固体和液体的性质。沙漠中砂粒在强风的作用下运动的方式主

图123
智利阿塔卡马沙漠中花岗岩被风沙磨蚀出的大坑（本图由美国地质调查局的K.Segerstrom提供）

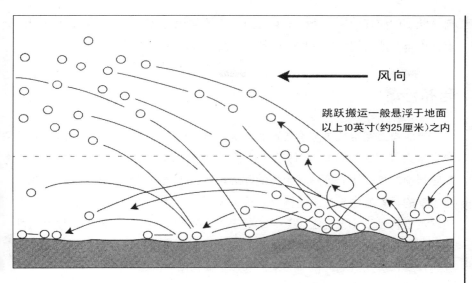

图124
砂粒随风向跳跃搬
运，砂粒一般悬浮于
地面上部一英尺（约
30厘米）之内

风向

跳跃搬运一般悬浮于地面
以上10英寸(约25厘米)之内

要是跳跃搬运（图124）。砂粒跳跃性地被风吹起，一般从地面跃起一英尺
（1英尺≈0.3米）或者更多，当砂粒落地时，它们又驱动其他的砂粒开始向

图125
沙尘暴沿着斜向下的
气流迅速向上爬升

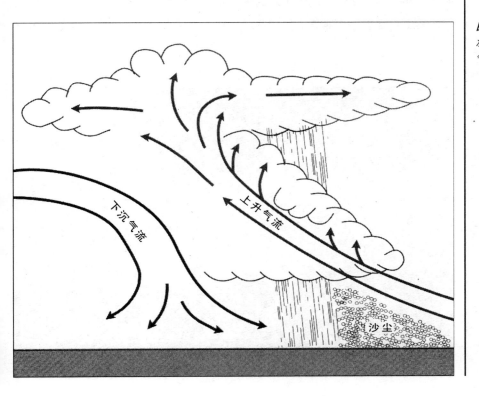

下沉气流

上升气流

沙尘

前跳跃。砂粒在地面上搬运的其他方式是滚动和滑动。由于在持续运动中的磨蚀作用，沙漠沉积的砂粒一般都具有磨圆和磨砂的特征。

哈布沙暴

当沙漠上空空气对流不稳定时，例如雷暴雨天气时，往往会形成严重的沙尘暴天气（图125），叫做哈布沙暴（阿拉伯语，意为"暴风"）。沙尘暴频繁地发生在北非苏丹喀土穆的邻近地区，那里一年约发生24次沙尘暴。沙尘暴的频繁暴发与这里的雨季有很大关系，正是丰沛的雨水带走了大量的地表沉积物。一个直径在300～400英里（约483～644千米）的沙尘暴可以卷走一亿多吨的沉积物。在雨水最充足的五月份到十月份，狂暴的沙尘暴可以卷起12～15英尺（约3.7～4.6米）的沙子横扫所有的障碍物。

美国西南部也经常遭到强烈沙尘暴的袭击，特别是亚利桑那州的菲尼克斯的邻近地区（图126），每年大约发生12次沙尘暴天气，人类和动物经常会在剧烈的沙尘暴中死亡。例如，1985年在科罗拉多州东部发生的一场巨大的沙尘暴，据说使这一地区20%的牛群死亡。和苏丹一样，美国的沙尘暴也往往发生在雨季，一般是七月和八月。从太平洋上形成的温暖潮湿的热带气

图126
1972年劳动节那天在亚利桑那菲尼克斯上空形成的大沙尘暴（本图由美国国家海洋大气局提供）

流冲上加利福尼亚湾，直接扑向亚利桑那州，形成了一个长长的拱形飑线，而沙尘暴则就在气流前锋扩散开来。

许多单个的气流往往合并到一块形成一个延伸达几百英里的大型沙尘暴。大量的沉积物往往被带到8,000~14,000英尺（约2,438~4,267米）的高空，以平均30英里/小时（约48.3千米/小时）的速度前进，强烈时可以达到60英里/小时（约97千米/小时）或者更多。沙尘暴也可以形成一些短时的但是十分强烈的小旋风，领先沙尘暴峰前一段距离或与沙尘暴一起，对建筑物和其他设施构成破坏。

沙尘暴发生时，一般情况下能见度只有0.25英里（约400米），在一些强烈的沙尘暴中能见度也可能降为零。沙尘暴停止后，一个小时之后，天空才能逐渐得变清楚，能见度才能恢复正常。但是，如果雷暴雨尾随沙尘暴到来，降水会很快地把天空清洗干净。但是一般情况下，沙尘暴过后并没有雷暴雨到来，或者降水在到达地面以前都已被蒸发殆尽，就会形成雨幡的天气现象。这种情况下尘土会在空气中悬浮好几个小时甚至几天。

当大量的气流吹过沙漠时，就会产生大的沙尘暴，特别是在非洲，强风经常驱动着长达1,500英里（约2,414千米）宽达400英里（约644千米）的大风沙带横扫这一地区。一些大的非洲沙暴可以携带着沙尘穿越大西洋到达南美洲，每年约有1,300万吨的沙尘降落在亚马逊河盆地上。非洲沙漠的沙尘上升到高处，向西流动的气流可以将它们吹过大西洋。亚马逊雨林上空的强对流天气将这些沙尘包含在雨水中降落到地面上，其中蕴含的养分使那里的土地变得富饶。

如此多的沙尘在夏季风暴中被吹过大西洋，以至于数百万吨的灰尘覆盖了加利福尼亚的天空，给汽车以及城市其他设施都披上了一层细细的、棕红色的粉末外衣。非洲的沙尘暴也使美国东海岸其他的沿海城市空气质量严重不达标。来自撒哈拉沙漠的沙尘漂洋过海，吹过美国大陆，可能一直到达美国大峡谷，给那里美丽的景色蒙上了一层令人厌恶的阴霾。外来的沙尘与本地土壤在化学成分上是不同的，透露着独特的棕红色。再加上其他的空气污染，撒哈拉沙漠飘来的灰尘使城市上空长时间地保持着一种灰蒙蒙的状态，这种情况在夏季尤为显著。

但是，沙尘暴也有着它出人意料的长处。富钙沉积物的不断注入有利于中和因燃烧化石燃料而释放到空气中的酸性物质，有效地降低酸雨的发生。

沙尘给海洋带来了大量的铁——这是维持海岸生态系统平衡所需要的重要养分。佛罗里达州外海的珊瑚礁条带状生长，可以将沙尘封存在体内，借此我们可以追溯沙尘的来源，如从撒哈拉沙漠吹到美国的沙尘暴。

大规模的沙尘暴也起源于阿拉伯、中亚、中国中部以及澳大利亚和南美沙漠，这些都是遭受明显土壤侵蚀威胁的地区。强风造成的巨大的沙尘暴也引起了严重的侵蚀问题，不合理的农业耕作方式也常常加大风对土壤的侵蚀力度。风力侵蚀每年给俄罗斯带来大约相当于120万亩（约0.49平方千米）农田产量的农业损失，使那儿的人民养活自己更加困难。在美国，强风每年吹走约2,000万吨的土壤。防治风力侵蚀最主要的方法还是植树造林，增加植被覆盖面积。但是，如果降水不丰富，这些方法往往不管用，土壤还是很容易就被吹走了。

在沙尘暴曾经肆虐的干旱地区，风搬运走了大量的松散沉积物。这些沉积物堆积成厚厚的黄土层（图127），覆盖方圆几千英里的土地。黄土是一种细粒的、松散固结的层状沉积物，常常在露头上呈现薄的、均匀的层理。

图127
密西西比河沃伦县在直立悬崖上暴露的黄土层，摄于1915年（本图由美国地质调查局的E.W.Shaw提供）

次生黄土沉积是在水或其他强烈的地质营力作用下在较短的距离上搬运并在适当的位置重新沉积而成的。

　　黄土沉积物是由近等粒大小的有棱角的颗粒组成。颗粒成分主要是石英、长石、角闪石、云母和少量的黏土矿物。它往往是浅黄色到微棕黄的黏土沉积，颗粒相当均一，粉砂颗粒大小，一般无明显层理。黄土也经常包含着一些草根的残留。像泥砖一样，黄土也有易塑性，尽管胶结力差，它们也可以塑成近直立的墙。因为在潮湿的情况下易垮塌，所以除非合理地压实，黄土也会造成建筑上的问题。

　　黄土在北美、欧洲和亚洲都很普遍，中国有着世界上最大面积的黄土沉积。它们主要来源于戈壁沙漠，厚度达数百英尺。大多数美国中部的黄土沉积都毗邻密西西比河峡谷分布，这儿有近25万平方英里（约65万平方千米）的土地被来自冰冻的北部陆地的沉积物所覆盖，黄土也覆盖了美国西北部和爱达荷州。黄土是黄色的富饶土壤，为美国中西部丰富的农产品增产增收作了重要的贡献。

沙丘

　　世界上约10%的沙漠都是由沙丘组成的。它们被风驱动着在沙漠中移动并将途经的一切全部吞没，包括人造的一些设施。沙丘也给穿过沙漠地区的高速公路和铁路的建设和维护出了一道很大的难题。沙丘在绿洲附近的迁移会带来另外一个严重的问题，特别是在蚕食村庄的时候。减轻沙丘对建筑设施的危害的途径包括种植防护林和开凿道渠以改变风沙运动的路径。如果没有这些防范措施，沙漠地区沙丘对道路、机场、农田设施和城镇的破坏将成为一个大问题。

　　沙丘的大小和形成是由风的方向、强度和易变性，土壤的含水量，植被的覆盖情况，下覆的地形，可移动土壤的数量等综合因素决定的。根据地形和风吹的模式它们一般被分成三种基本类型。线状沙丘（图128）大致沿着强而稳定的盛行风的方向呈线形排列。沙丘长度远远大于宽度，沙丘之间相互平行，有时呈现波状起伏。当风吹动沙丘顶峰时，部分气流发生扭转并从沙丘边部滑过。气流将沙粒铲起并沿着沙丘的延伸方向沉积，这就会使它的高度不变，而长度在不断地增加。沙丘之间的区域指示着被沙丘覆盖的区域

图128
北非撒哈拉沙漠线状沙丘的航空图（本图由美国地质调查局的E.D.McKee提供）

岩石的性质。沙丘的两边都比较陡，很容易发生滑坡。

　　新月形沙丘在沙丘的两侧形成对称的两个尖角，它指示顺风向。它在沙漠中移动的速度高达50英尺/年（约15米/年）。抛物线沙丘形成于稀疏的植被覆盖区，植被阻挡了沙丘两臂的运动，沙丘中部被风向前吹动，形成了中间前凸的抛物线形状。星状沙丘（图129）是由几个不同方向的风将沙粒向中心吹动并堆积而成的鼓丘，可以高达1,500英尺（约457米）或者更高，由顶点向四周呈放射状伸出几条沙脊，看起来像一个个巨大的风车。沙子有时候也堆积成平坦的盾状，或形成指向下风向的细沙脉，在沙海中起伏不大。

沙丘的一个奇怪的特征就是鸣沙，这是一个难以解释的现象。在非洲、亚洲、北美和世界上其他地方的沙漠及海滩中发现了至少30个这样的鸣沙沙丘。这种声音只发生在沙漠深处孤立的沙丘处，或者是离海岸线较远的后沙滩上。只是简单地在沙脊上行走就可以引发沙鸣声。当沙子滑下沙丘的背风坡时，往往发出一个巨大的隆隆声。从沙丘中发出的声音经常被比作钟鸣、喇叭、管风琴、雾号、炮火、打雷的声音以及电话的嗡嗡声，或者是飞机低

图129
墨西哥索诺拉格兰·戴瑟图沙漠的复合星状沙丘（本图由美国地质调查局的 E.D.McKee提供）

飞的嗡嗡声。

能够发声的沙子往往是圆形的等粒大小，具有很好的磨圆度和分选性。沙丘往往离其沙子的来源处很远，风可以将沙粒搬运很远的距离，所以在沙丘顶部或近顶部沉积的沙粒都具有很好的分选性和磨圆度。另外，风力必须很强，足以把沙粒推过沙丘顶峰，并使其顺着背风坡滑下。但是，沙子被压得太紧或者太松都不能产生沙鸣声，声音好像来源于沙子相同频率的和谐运动。但是，对于一般的滑坡，由于是块体或沙粒随机的运动，或者崩塌的频率太高，都不能产生这种特别的声音。

干旱的地区

有证据显示，美国大平原远在农业发展之前曾经历了无数沙尘暴的袭击。这一地区遭受了几千年的重复性的干旱。那时候干旱不仅持续时间长（一般好几百年），而且比今天发生的频率要频繁得多。最严重的干旱年份是公元200～270年、700～850年和1,000～1,200年。阿纳萨齐人曾经居住在美国西南部米撒佛得（图130）和其他地方的洞穴中，后来他们在13世纪中期神秘地消失了，可能就是因为持续的干旱将他们赖以生存的农田全部给破坏了。现代农业和牧业方式也使这个问题大大地恶化了，在过去的150年中，由于粗放型农业的发展，美国大部分的农业高产区上的平均土壤厚度减少了一半。

干旱是一个天气异常干燥的时期，受控于全球降水模式的变化。如果缺少降水，干旱期会大大延长，对农业的破坏将会更大。1983年，美国经历了一次自19世纪30年代以来的最大的旱灾，农业损失达几十亿美元。1983年澳大利亚的大旱灾是100余年来最严重的干旱，近一年的长期干旱使农作物比往年减产近一半，因饥饿和口渴而死的成千上万头牛羊需要进行大规模的销毁和掩埋。同样严重的旱灾也在南非造成食品短缺，同时也影响了西非和撒哈拉沙漠边缘的萨赫勒地区。在过去的25年的亚撒哈拉干旱是150年来最严重的干旱。1983～1984年期间，遍及世界各地的大旱使100万人死亡或在死亡线上徘徊，是20世纪最大的旱灾。

异常温暖的热带太平洋气候带来的厄尔尼诺事件及其伴随的气候变化也会诱发干旱。太平洋变暖常常降低澳大利亚、印度尼西亚、巴西的部分地区

以及非洲东部和南部的降雨量，反而使通常干旱的南美西海岸和北美的太平洋沿岸地区的降水量增加。由于西风带（向东吹的信风）未按期到来，赤道太平洋东部就会产生异常温暖的环境，从而引起厄尔尼诺现象。

　　历史上厄尔尼诺现象每3～7年就会发生一次，最长可持续两年。但是，在最近的20年里，它变得更加活跃，持续时间更长。历史上最强的厄尔尼诺现象发生在1997～1998年，它使海水温度比正常值提高了5℃。厄尔尼诺现象的高频发性似乎是温室气体和全球变暖的征兆。与厄尔尼诺相反，拉尼诺是一个比平常冷的热带太平洋气候，它使美国西南部和中南部变得干燥，导致夏季高温和干旱的环境。

　　持续增长的地面温度会对全球降雨量产生一个消极的影响，使一些地区的降雨量变少，而使另外一些地区的降雨量增多，这会改变全球干旱和洪涝

图130
美国科罗拉多州米撒佛得国家公园阿纳萨齐人的遗址（本图由美国国家公园管理局提供）

发生的方式。如果全球持续变暖，赤道两边30°的区域里就会显著地改变降雨量的分布模式。季风为世界上半数人口带来了所需的降水，影响着亚洲、非洲和澳大利亚大陆。但是，由气候变化带来的气候混乱会导致连年的干旱或洪涝，也极大地威胁到人类的财产与安全。

降雨分布（图131）的变化对水源的分布有着深远的影响。高温会提高蒸发量，使一些河流水量降低50％或者更多，一些河流更是有可能完全枯竭。在1988年美国的大旱中，密西西比河达到了历史最低水位，船只根本无法在河流中航行。因水位降低而使古老的河底在最近的100年中第一次被暴露出来，可见干旱的严重性。

全球气候变化会潜在的增加干旱发生的频率和严重程度，常使那些偶尔遭受干旱的内陆变成永久干旱的荒地。几乎欧洲、亚洲和北美洲的全部土壤

图131
美国各地的年降水量
（单位：英寸）

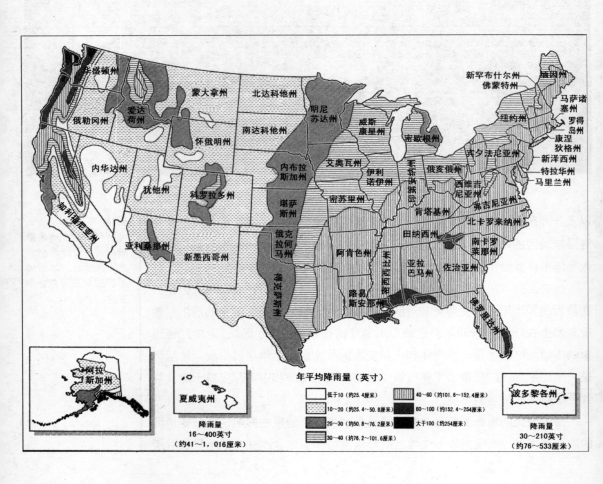

图132
内布拉斯加州蔡斯县沙漠不断蚕食种植小麦的农田（本图由美国农业部土壤保持管理局的H.E.Alexander提供）

都变得比较干旱，需要高达50%的额外灌溉。温度的上升，蒸发率的升高以及降水分布的变化会极大地限制其他国家对处在饥荒期的发展中国家的粮食出口。

亚热带可能会经历一个显著的低降雨量，会使沙漠扩大。这些地区的沙漠和半沙漠面积的增长会严重地影响当地居民的农业发展，迫使他们向高纬度地区迁移。加拿大和俄罗斯只能勉强填报肚子，而美国则需要进口粮食。不幸的是，北部地区的土壤在上个冰期时因冰川侵蚀而变薄，会在粗放型农业种植中很快地变贫瘠。另外，大气的不稳定性导致天气模式的变化，会使沙漠不断地蚕食曾经富饶的农田（图132）。干燥的龙卷风会造成巨大的沙尘暴，严重的土壤侵蚀会使大片的土地变成干旱的沙漠。

在讨论了移动的沙子的影响以后，下章我们将揭示在冰期和现在移动冰川中发生的地质灾害，包括全球冰盖融化而导致的冰涌和海平面上升的影响。

188

8

冰川

运动的冰

本章主要介绍由冰川运动和冰层融化而引发的地质灾害。冰川大约覆盖了地球面积的1/10，而且冰川水占了所有地球淡水资源的70%。世界上大多数的冰川位于南极大陆，同时，小部分的冰川覆盖了格陵兰岛和冰岛。在世界上的任何一个大陆都可以发现阿尔卑斯型冰川活动的踪迹，阿尔卑斯型冰川的含水量相当于地球上全部河流和湖泊的含水量之和。

在持续变暖的气候环境下冰帽会发生融化，融化后的水进入海洋，导致海平面大幅度上升，将大面积的沿海地区淹没。并且随着海岸线持续的向内陆地区移动，海滩与障壁岛也将最终消失（图133）。世界上大约有一半的人口居住在海岸区，随着海平面的上升，这些养育了世界上大多数人口的肥沃的三角洲地区，也将消失得无影无踪。海岸城市必须迁移到遥远的内陆地区，或者是通过建造防洪堤来抵挡海水的猛烈袭击，但是这项花费确是相当巨大的。

冰川作用

　　北部的陆地拥有着非比寻常的景观——大面积的冰盖，它们是在冰期时
从极地地区迁移过来的。在一些地区，冰川搬运带走了地壳上部所有的沉积
物，暴露出下面原始的基岩。在另外一些地区，当冰川重新退回极地地区
时，冰川中挟带了大量的沉积物便在原地堆积下来（图134）。或许，在未
来的2，000年里，这些冰盖将再一次地到处进行破坏活动，卷走途中所有的
沉积物，最终导致来自于北部城市的碎石被向南推进数百英里。

　　在冰期，巨大的冰体从极地地区向周围地区运移、扩散。厚约两英里
（或者更厚）的冰川包围了加拿大、格陵兰岛和欧亚大陆的北部，这些冰
川覆盖了面积约为11亿立方英里（约46亿立方千米）的陆地地区。大约距今
115，000年前，冰川冰的快速形成是冰川作用开始的标志，冰川作用在大约
距今75，000年前加强，并在18，000年前达到顶峰（表8）。

　　北美洲被两个重要的冰川中心所包围。其中最大的冰盖被称为劳伦泰德
冰盖，覆盖了面积约为500万立方英里（约2，084万立方千米）的地区，此

图134
蒙大拿冰川县被草覆
盖的冰川地貌（本图
有美国地质调查局的
H.E.Malde提供）

表8 历史上重要的冰期

时间（年）	事件
12,000至今	现在所处的间冰期
12,000～16,000	冰盖融化
18,000～20,000	最后一次冰川高峰期
100,000	距今最近的冰期
10^6	第一次重要的间冰期
3×10^6	北半球的第一次间冰期
4×10^6	格陵兰岛和北冰洋被冰川覆盖
15×10^6	南极大陆的第二次重要的间冰期
30×10^6	南极大陆的第一次重要的间冰期
65×10^6	气候恶化，极地地区变冷
$65 \times 10^6 \sim 250 \times 10^6$	相对稳定的温暖气候间隔
250×10^6	二叠纪大冰期
700×10^6	前寒武纪大冰期
2.4×10^9	第一次重要的冰期

冰盖从哈得孙湾开始延伸，向北到达北冰洋，向南到达加拿大东部、新英格兰和美国的西部地区。在最后一次冰期时，它开始变得不稳定起来，并且其中的部分冰盖坍塌了几次，致使大西洋中涌出了大量的冰山。

另外一个较小的冰盖被称为科迪勒拉冰盖，它起源于加拿大落基山脉，覆盖了加拿大西部、阿拉斯加北部和南部的部分地区，仅在该地区的中心部位留下了一块无冰的地区。同时，散布的冰川也覆盖了美国西北部的山区，冰川覆盖了位于怀俄明州、科罗拉多州和加利福尼亚州的山系。冰河也将北美洲的科迪勒拉山脉和墨西哥的山系连在了一起。

北欧的部分地区也蔓延着两个重要的冰盖。其中较大的一个冰盖被称为芬诺斯坎迪亚冰盖，它呈扇状分布，以斯坦地纳维亚北部为起点，覆盖了大不列颠的大部分地区（向南延伸到伦敦）、德国北部的大部分地区、波兰和俄国领土的欧洲部分；另外的一个冰盖为阿尔卑斯冰盖，它以位于瑞士的阿尔卑斯山脉为中心，蔓延到奥地利的部分地区、意大利、法国和德国南部。在亚洲，冰川也覆盖了喜马拉雅山和西伯利亚的部分地区。

在南半球，仅在南极洲有一个重要的冰盖。在冰期时，冰盖的范围比现在的面积要大10%，并延伸到南美的末端。环绕南极洲的海冰的面积几乎是现在冬天时海冰面积的2倍。一些小的冰川覆盖了位于澳大利亚、新西兰的山脉以及南美的安第斯山脉，其中包括了最大的南阿尔卑斯冰盖。纵观世界上的其他地区，在冰期时它们的大部分陆地都被冰川覆盖，但现在这些地区的冰川早已消失的无影无踪。

冰期时地球上大约有5%的水储存在冰川冰中，大陆冰盖中储存了大约1,000万立方英里（约4,168万立方千米）的水，且冰川覆盖了陆地表面1/3的面积，相当于现在冰川面积的3倍。这些聚集到一起的冰体使海平面降低了大约400英尺（约122米），并促使海岸线向海洋后退了100英里（约161千米）或者更多。海平面下降使大陆桥暴露于地表，使大陆与大陆连在一起，这样就促使了包括人在内的所有物种的迁移，散布到世界的各个角落。

因为温度降低，减少了海水的蒸发率，降水量下降，同样平均降雪量也相应地降低。在凉爽的夏季，几乎没有冰川融化的发生，因此仅有很少数量的降雪储存在了冰盖中。与此同时，低的降水量也增加了沙漠向周边地区扩张的速率。沙漠中猛烈的狂风产生了巨大的沙尘暴，大气中的这些高密度的悬浮颗粒阻碍了阳光的直射，因此地面的温度便一直保持在现在的平均气温以下。

或许，地质历史上一次最显著的气候变化发生在距今10,000年前，此时冰期结束，进入全新世的间冰期。经过大约100,000年的缓慢积累，雪和冰的厚度增加了2英里（约3.2千米）甚至更多。但是，在这短短的几千年的时间里，这些冰川便以每年几百英尺的速度融化了。后退的冰川在原地留下了毫无分选性的冰川沉积物，包括曲折的蛇曲、拉长的鼓丘和巨大的冰川砾石区（图135）。

在距今12,000～16,000年前，地球平均气温升高了约5℃，接近于现在正常的温度，冰川融化了1/3。重新建立的深海循环系统把温暖的海水运送到高纬度地区，使那儿深部的冰冻区开始融化，这种循环在冰期时因气候寒冷而停止或者被严重削弱。然后在距今10,000～11,000年之间，即著名的新仙女木时期（以北极的一种野花得名），因为温度又突然降低到冰期时的水平，冰川融化在进行到一半时突然停止。在那之后，第二阶段的融化开始，这次融化作用持续到大约距今6,000年前，形成了目前看到的冰川状态。

距今最近的那次冰期是所有冰川作用中研究最深入的，因为早期所有冰川作用的证据都被抹去了，冰盖抹除了大量的地表景观。在一些地区，冰川剥除了整个沉积层，暴露出下面的基岩（图136），而另外一些地区，古老的沉积物被埋葬在厚重的冰川沉积物下面，而无法获得。

存在广泛的冰川作用的证据大多数都可以在冰碛物和冰碛岩中找到。冰碛物是被冰川携带的岩石物质的堆积，呈规则的线型沉积，形成一个很好辨

图135
1913年，约塞米蒂国家公园内，神特纳穹隆东南部的一颗巨大的冰川漂砾（本图由美国地质调查局的F.C.Calkins提供）

图136
科罗拉多州萨米特县，
位于海拔为12,300英尺
（约3,750米）的多拉
山顶部一个岩石表面遭
受冰期侵蚀的残余，画
面的前景中，多拉湖由
早期低矮的冰冠冰碛堵
塞圈闭形成的（本图由
美国地质调查局提供）

认的地形；而冰碛岩则是由冰川沉积而形成的岩石。世界上大多数在最后一次冰期中被冰川覆盖的地区都被剥蚀到花岗岩岩基的深度，岩屑则被大片大片的堆积下来。冰川携带这些沉积物覆盖了大片的土地，将古老的岩石掩埋于厚层的冰碛物之下。冰碛岩是大块砾石和石块与黏土基质混合胶结固化而成的岩石，是冰川冰的沉积，在各大洲都有分布。

极地冰盖

在最近的几百年里，永久的冰川覆盖了两极地区。这在地质历史上是非常罕见的，因为在两极地区仅有一个冰盖已经是非常难得的了。冰川冰的建造来源于地壳的外形。在地球形成的早期，大陆是围绕赤道聚合在一起的，此时，温暖的洋流流入极地地区，维持了极地地区成年累月的无冰期。然而，在后来的1亿年里，大陆开始分离移动，一个大的陆块覆盖了南极地区，同时，北极地区也被内陆海所包围。

　　大多数陆块向赤道以北运动，仅有很少的陆地留在了南半球，在南半球海洋占其表面积的9/10。大陆漂移从根本上改变了洋流的流动方向，因此流入两极的洋流便被限制了。没有了来自热带地区的温暖洋流的供应来保持极地地区的温暖无冰，冰川将永久地待在两极地区，除非陆块们又一次在赤道附近聚合，这或许是一亿年后发生的事情了。

　　世界上最大的岛屿——格陵兰岛，是在距今6,000万年前与欧亚大陆和北美分离后形成的。巧合的是，那时阿拉斯加和西伯利亚连在了一起，而将北极盆地隔离圈闭起来，得不到热带地区暖水流补给的北极地区因此积累了大量的浮冰。大约4,000万年前，南极大陆与澳大利亚分离漂移到了南极，在南极形成了覆盖整个大陆的冰盖（图137）。由于两极地区冰川的存在便建立了一个独特的赤道——极地的海洋和大气循环系统。

　　特提斯海是在中生代和早新生代时期将非洲大陆与欧亚大陆分离开来的海，是一个位于赤道的广阔的浅水海。因为高的蒸发率和低的降水量，表层温暖含盐度高的水下沉到海底，与此同时，南极大陆产生的冷水占据了特提

图137
南极大陆的丹尼尔半岛（本图由美国地质调查局的W.B.Hamilton提供）

斯海的上部，致使整个海洋形成了一个向下流动的循环系统。但是，那时南极大陆的气候比现在要温暖得多。大约在距今2,800万年前，非洲大陆与欧亚大陆碰撞，阻碍了温暖水流向极地地区的运动，因此导致南极大陆形成了一个大冰盖。寒冷的空气和冰混入周围的海水中，致使海水表面温度降低，这些含盐度高的冷水沉入海底并且流向赤道地区，便产生了今天所见到的海洋循环系统。

地球上大约有3%的水分布在极地冰盖中，这些冰盖覆盖了地球表面7%的面积。北极是一片漂浮着浮冰的冰海，界限是七月的10℃等温线，这是浮冰在夏季的温度上限。直到大约800万年前格陵兰岛第一次发育大冰盖时，永久的冰盖才在北极形成。海冰覆盖了大约400万立方英里（约1,667万立方千米）区域，平均厚度为15～20英尺（约4.5～6米）。北极的浮冰经常以不规则的形状聚合在一起，包括一些直径为2英尺（约0.6米）或更多的圆形的冰块，被称为薄饼冰，这种形状使海水看起来像一个漂浮着冰睡莲的无底水塘。

迄今为止，最大数量的冰位于南极大陆顶部。冰川的面积为550万立方英里（约2,293万立方千米），比美国、墨西哥、中美洲加起来的面积还要大。在南极大陆，所有山脉被一层厚的冰层所覆盖，冰层的平均厚度为1.3英里（约2.1千米），在一些地方达到3英里（约4.8千米）。山脉的平均海拔为7,500英尺（约2,286米）。南极地区，冰川的体积达到700万立方英里（约2,918万立方千米），足以打造一个边长为200英里（约322千米）的立方冰体。

大约距今3,700万年前，板块运动造成全球气温骤然下降。那时，南极大陆的冰层厚度要比目前的冰盖厚得多。在接下来的1,500万年里，由于全球气候变暖，绝大多数冰盖发生融化。距今约1,300万年前，全球气候转而变冷，大洋底部温度接近冰点，新的冰盖形成了，大陆上所有的地貌特征都被冰川所覆盖，包括海湾、峡谷、平原、高原和山地。

由于积雪年复一年的没有发生融化，积雪在南极大陆形成了厚厚的冰盖。南极大陆夏季的月平均气温为-35℃，冬季的月平均气温为-60℃，在一些地区甚至降到了-90℃。贫瘠的山峰裸露于冰盖以上17,000英尺（约5,182米），风以200英里/小时（约322千米/小时）的速度呼啸着吹过被冰覆盖着的山脉和高山冰原。横断南极大陆的山脉将南极大陆分成了东部大块的冰体和西部的小块叶状冰体，面积相当于格陵兰岛。直到距今大约900

万年前，南极大陆西部的冰盖才完全形成，这些冰盖大部分位于大陆架上，四周被分散的岛屿所固定。

在冬季的几个月里，从六月到九月，南极大陆周围约800万平方英里（约2,072万立方千米）的海洋面积被海冰覆盖，平均厚度仅为3英尺（约91厘米）（图138）。随着温度的骤然下降，海冰开始以20平方英里/分钟（约52平方千米/分钟）的平均速度扩张。由于冰川的大范围扩张，南极在对大气和海洋循环的影响方面，要比北极的影响大得多。在多个地方海冰被海岸和海洋冰穴所击碎，在冰穴处上翻的温暖水流阻碍了冰穴结冰的速度，因此在这儿形成了一个大的开放的水域。海岸冰穴实质上是海冰的加工厂，因为它使开放的水域暴露于低温的环境当中，这对海冰的形成是非常有利的。

南极周围的水的温度是世界上最低的。南极环流阻止了温暖洋流的涌入，起到了阻隔热量的作用。南极大陆周围海洋上覆盖的冰海一年中至少能保存10个月，在这段时间内，大陆几乎有四个月的时间处于完全的极夜时期。全年的海水温度在−2～−4℃变化，然而，因为水的盐度高，海水并不结冰。虽然温度很低，但是南极大陆中生活着的鱼类也不结冰，因为它们的身体中含有一种抗结冰的物质，这能保证它们在寒冷的冬天保持活力。

图138
南极海洋中与冰山连在一起的海冰（本图由美国地质调查局的 U.S.Maritime提供）

大陆冰川

　　大陆冰川是世界上最大的冰盖。距今约115,000年~12,000年前的最后一次冰期期间，冰盖覆盖了陆地表面1/3的面积。今天，仅南极洲和格陵兰岛仍覆盖着坚硬的冰川，体积相当于最后一次冰期时冰川总体积的30%。大陆冰川从发育的起点向各个方向扩展，除了位于冰面以上的孤立山峰，它席卷了陆地上的各个角落。因此，冰盖这个术语也可以解释为，从一个中心点（如冰岛）向四周呈放射性扩展的小冰川。

　　冰盖的边缘是冰缘沉积物，它们是从基岩上剥落下来的岩石碎屑组成的。这种冰川特征在冰体的末端发育，并受冰川的直接影响。从冰盖上吹过的冷风影响着冰川边缘的气候，促进了冰缘条件的形成。受冻胀、冰劈和分选作用的影响，这些地区的坚硬基岩都被冰川破碎成大块的砾石。

　　最大的冰盖存在于南极大陆。除了它的山脉、高原、低矮平原和峡谷都被埋在厚厚的冰川之下（图139）外，它的地质特征与其他大陆没有什么不同。南极大陆上的冰川大得让人无法想象，它们的巨大重量使大陆岩基整体下降了约2,000英尺（约610米）。厚重的冰盖，使该区避免了地震的发生，

同时也阻止了断裂附近的地面沉降。有趣的是，在冰期的末期，冰川开始融化引起重力释放，导致地壳回升，而此时南极大陆却有强烈的地震发生了。

南极大陆是世界上最干燥的地区之一，年平均降雪量少于2英尺（约61厘米），这仅相当于3英寸（约7.6厘米）的降雨量。然而，在大陆内部几乎不发生融化，降雪却使冰盖的厚度不断地增加。在一年中，在这个巨大陆块上仅有大约2.5%的陆地有几个月的冰融期。位于麦克默多海峡与横断南极山脉之间的干谷（图140）是南极最大的无冰地区，这些干谷是在其上覆

图140
位于南极大陆维多利亚州泰勒冰区莱特谷的顶部（本图由美国地质调查局的W.B.Hamilton提供）

罗斯岛

麦克默多海峡

万带兰湖

莱特冰川上部

冰川运移后才裸露出地表的，它们每年仅获得少于4英寸（约10厘米）的降雪，且在降雪过程中大部分雪都被强风吹走了。干谷中的地貌形成的年代非常古老，一些地面十分陡峭，并且看起来像是在1,500万年的时间内没有发生根本的变化。

地球上9/10的冰位于南极洲，南极冰川中的含水量占世界淡水量的70%。在过去的几百万年里，当地球气候突然变冷时，大部分冰川并没有发生大的变化。圈闭于厚的极地冰盖之下的是一个含水量巨大的、面积相当于安大略湖大小的湖泊，其面积大于5,000平方英里（约1.3万平方千米），深度至少为1,600英尺（约488米）。源于地下的地热能和上部冰川的压力阻碍了湖泊中富集的水的冻结。一些奇怪的微生物适应了湖中的生活环境，因此在这里形成了地球上环境最恶劣的生态系统。因冰川作用造成了基岩破碎，从而沉积于湖底的沉积物为微生物提供了一种重要的营养源。

南极被海冰所环绕，在冬天海冰向外扩张约770万平方英里（约1,994万平方千米），这相当于美国面积的两倍多。南极的海冰与北极的有所不同，在北极，海洋的大部分被陆地所包围，陆地通过降低风暴的强度来抑制海洋的扩张，且促使冰的厚度增加两倍多。一些北极的冰川在夏季并不发生融化，所以在四年的时间内冰层的厚度便能增加一倍。但是，在南极，海上猛烈的风暴强烈地搅动着海水，破坏了水层从而抑制了冰川厚度的增加。如果全球持续变暖，南极冰盖将变得不稳定并向海中垮塌，增加了额外的海洋浮冰。持续增加的海冰能够形成一个巨大的冰架，覆盖面积可达1,000万平方英里（约2,590万平方千米）。

南极大陆大约有一半的边界是冰山（图141），它们都是从大陆冰川上滑下来的厚层浮冰。大陆冰盖缓慢地向海洋下滑，一部分完全滑脱掉在海中形成冰山。罗斯海和威德尔海中漂浮的冰架在南极洲西部居支配地位。一般来说，这个地区的海拔是很低的，大部分冰川的冰碛物都沉落于海水之下。冰碛物是陆地岩石与水的混合物，可以作为一种润滑剂来促进冰盖向海洋滑动。与静止的冰流下冰碛中的水压相比，流动的冰流下冰碛中的水压要高得多。压力越大，冰越容易漂浮，因此更易于运移。

威德尔海南部的菲尔希纳-龙尼冰架是漂浮在地球上的最厚重的冰块，它分为上下不同的两层。顶层（淡水层）厚度大约有500英尺（约152米），是由降雪形成的冰组成的；底层（咸水层）厚度为200英尺（约61米），是由海水结冰而形成的。淡水层含有不透明的粒状的冰，与冰川顶部的冰相

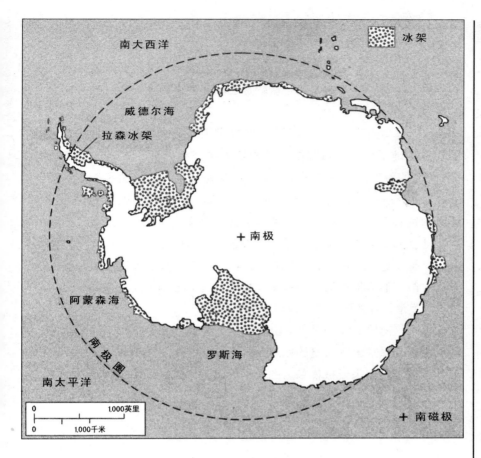

图141
点画区域中显示的是
南极冰架区域

似。与此相反，透明的海底陆架冰体中含有一些海生的包体，如：浮游生物
和黏土颗粒。自由浮动的冰块在咸水层的底部经重结晶作用形成软泥，经挤
压后固结成冰。

北半球最大的冰盖位于格陵兰岛。大约距今800万年前，格陵兰岛覆盖
了一层永久的冰盖，在一些地方厚度达2英里（约3.2千米）或者更多。持续
的降雪覆盖了整个冰川的表面，逐渐形成了格陵兰岛的冰盖并使它慢慢增
长。濒临海洋的边界地区的冰的损失恰好平衡了冰川的增长。尽管格陵兰岛
在面积上与南极大陆西部是相似的，但是在遥远的北部，格陵兰岛却只有一
些很小的冰架。由于海洋冰川的崩解作用形成了那些在海洋中漂浮的大冰
山，它们是造成北大西洋海难的重要原因。

北半球的第二大冰盖位于冰岛，冰岛是地球上最寒冷的人类居住地之
一。冰岛是位于大西洋中脊上的一个火山高原，它于1,600万年前暴露于海

面之上。这个非比寻常的隆起地形沿着大洋中脊延伸约900英里（约1,448千米），且高出海平面。在冰岛南部，这个广阔的高原缩小形成了一个典型的洋中脊。冰岛之所以能露出水面，成为区别于其他正常的在水下喷发岩浆的洋中脊，很大的原因可能就是在冰岛下面存在一个从核幔边界上升的地幔柱。

冰岛是与众不同的，因为它骑跨在扩张的洋中脊系统之上，在这里，大西洋盆地板块与其濒临的大陆板块被推开相分离。这个非常陡峭的呈"V"型的裂谷向北贯穿于整个岛屿。这是陆地上的火山裂谷体系很少的表现形式之一，许多火山便位于裂谷的两侧。冰岛上的火山活动形成了1英里（约1,6千米）高的被冰川覆盖的火山山峰，同时，也产生了强烈的地热活动。尽管冰岛非常幸运地拥有充足的能量供应以满足电力和热能的需求，但是能量的来源也并非没有坏的影响。岛上火山喷发非常频繁，当今破坏性最大的喷发活动于1973年发生在赫马岛上的韦斯特曼纳埃亚尔市，这次喷发活动埋葬了许多小渔村（图142）。

或许，世界上最奇怪的火山喷发活动是1918年在冰川下面发生的。这次火山活动释放出了大量的冰川融水，被称为冰川爆裂或洪水暴发，这种现象自12世纪以来便被冰岛上的人们所熟知。冰川爆裂是冰川融水或冰川

图142
1973年7月13日赫马岛上的火山喷发时，在冰岛韦斯特曼纳埃亚尔市东部被埋的部分房屋（本图由美国地质调查局提供）

图143
被冰川爆裂释放的洪水破坏的桥梁，该桥位于阿拉斯加州铜河地区布雷姆内区瓦尔迪兹东部的羊河（本图由美国地质调查局的A. Post提供）

下部湖泊水的突然释放，破坏性非常大（图143）。在过去的几个世纪中，冰岛上已经发生了多次冰下火山的喷发活动。冰川中涌出的水刺穿冰层产生了一个巨大的冰洞。由于冰层下部热能的不断供给，形成了一个深达1,000英尺（约305米）的储存冰川融水的大蓄水池，同时，岩脊像水坝一样阻挡了水的溢出。当水坝突然崩塌时，水流便在冰川下部形成了一道水渠，它能够延伸30英里（约48.3千米）或更长。

1996年9月30日，在冰岛人烟稀少的东南部地区冰川下部发生的爆裂活动，仅在一个月的时间内就把厚约1,700英尺（约518米）的冰帽融化成了大量的洪水以及大块的冰山，汇入20英里（约32千米）外的海洋中。在这一个月内，冰川爆裂释放出的水量相当于世界上最大的河流——亚马逊河水流量的20倍。洪水破坏了沿途的电话线、桥梁和唯一的一条贯穿冰岛南部海岸的高速公路。

南极的冰盖下隐藏着许多火山。冰川以下1英里（约1.6千米）（或多点）的地方发生冰川崩裂产生的大量融水能引发洪流。南极洲便以其奇异的火山而闻名于世，其中活动最强烈的火山为埃尔毕斯火山，它位于罗斯岛上，海拔12,500英尺（约3,810米），是一座缓慢堆积热量的火山。而其他的一些火山却使南极大陆西部的冰川变得千疮百孔。南极大陆上许多休眠火山隐藏于冰川内部，同时，大量的火山沉积物也被埋藏于冰盖之下。当活动的火山在冰川底部喷发时，大量的冰川融化，融水汇集成灾，这些融水与下部火山沉积物相混合，形成了厚约数十英尺（约10米）的冰碛物。在冰川冰下部喷出的玄武质岩浆形成的火山岩被称为玻质碎屑岩，玻质碎屑岩包括枕状熔岩和枕状角砾岩，它们是由玄武质岩浆喷发遇到冰冷的冰川水时快速冷却形成的，因此非常奇特。

冰川下部火山的喷发活动融化了大片区域的冰层，在罗斯岛的冰架上产生了一个环形的沉降，经测量此环形沉降宽约4英里（约6.5千米），深为160英尺（约49米）。在一个1英里（约1.6千米）多厚的冰层下部发现了一个宽4英里（约6.5千米）高2,100英尺（约640米）的火山，此火山位于裂谷中一个14英里（约22.5千米）宽的巨大的破火山口中间，在这个位置地壳被裂开，促使来自于地幔的热的岩浆上升到地表。

尽管这是在南极冰川下部发现的第一个活动的火山，但不可能是唯一的一个，冰川中其他的环状沉降也暗示着有不少火山隐藏于冰川之下。火山能够产生足够的热量使冰盖基部融化，促使数十米宽的冰流涌入海洋，这就为存在于南极西部的冰盖的崩落拉开了序幕。冰川涌入海洋会导致全球海平面上升，相应的改变世界上的陆地景观。

冰河

南极冰盖下部存在大片的平坦区域，通常被认为是冰下湖泊，来自于地球内部的热量使湖水不至于结冰。冰面以下一英里（1英里≈1.6千米）深度处温度要比冰川顶部的温度高。另外，如此深度上的高压力也使水的凝固点比正常值低几度。液态的水流对冰层能起到润滑作用，以促使宽达几英里的冰河可以在谷底上顺畅地滑动，这样的冰河可以很容易地滑下山谷，最后注入海洋。

每年大约有一万亿吨的冰涌入南极周围的大海。南极冰盖中高达90%的冰川是通过极少数的几个冰河转移出来的，这些冰流入海洋经常发生崩解形成冰山（图144）。此外，可能受全球气候变暖的影响，这些漂浮在海洋中的冰山变得越来越大，并且超大冰川的数量也有了显著的增加。

1987年后期，一个大块的冰山从罗斯冰架上分离出来，此冰山位居世界上最大的几个知名冰山之列。经测量，这个冰山大约有100英里（约161千米）长，25英里（约40千米）宽，厚约750英尺（约229米），这相当于罗德岛面积的两倍。1989年8月，这座冰山与南极大陆发生碰撞从而分裂成两个小冰川。1995年3月另外一个48英里×23英里（约77千米×37千米）的超大

冰山从漂浮的拉森冰架上分离出来，一头扎入了太平洋。拉森冰架的北半部分，位于南极洲半岛东海岸，也发生了快速的崩解。如此大块的冰山分裂成大量的冰山碎块，也给南极洲海带来了隐患。

发生的冰山崩坍是冰架增长过程中一个非常正常的事件，并不一定是全球变暖的后果。一个世纪以来，最大的冰川破裂事件发生于2,000年初，相当于康涅狄格州面积那么大的一个长180英里（约290千米）、宽25英里（约40千米）的冰山从罗斯冰架上断裂出来。如果这些巨大的冰山漂入罗斯海，将会封锁驶向马克默多站的200英里（约322千米）的航路，将会造成一个很大的麻烦。

在南极大陆脊柱——南极横断山脉的后面，冰川沿冰河自山中慢慢流出，并从四面八方汇入大海。冰川穿过山谷，到达冰下的西南极洲群岛和漂浮着的罗斯冰架和威德尔海。在南极洲的西部贯穿着一些宽几英里（约10千米）的冰河，固态的冰川都从这几条冰河中慢慢滑出山谷。在冰河的两岸和中部可能包含一些冰雪融水形成的泥沙物质，这些物质允许冰川从谷底滑过并流入大海。注入大海中冰的数量要比在冰河源头积累的冰的数量大得多，这也就说明了一种潜在的不稳定性，为研究冰河的本质、推断其将来可能的行为提供了研究的基础。

　　冰川深裂隙是条带状冰川和内部块状冰川存在的标志（图145）。冰川裂隙是冰川中的裂隙或裂缝，是由冰流的移动产生压力形成的。一般来说，冰川裂隙宽几十英尺（约十几米），深100英尺（约30米）或更多，长度达1,000英尺（约305米）或更多。冰洲之间经常发育这种深的冰川裂隙，它们也常常成为冰蚀谷陡峭的两壁。冰川裂隙也往往沿着于整个冰河伸展的方向平行延伸，特别是在冰流的中心部分比两端运动得更快的情况下。

　　南极大陆东部的冰层扎根于坚硬的基岩中，因此它能够稳定地固着在陆地上。相反，南极大陆西部的冰层却位于水下的大陆架和冰碛中，它周围被浮冰所环绕且嵌在下面的小岛上。冰川填图和雷达勘察都表明南极大陆西部的冰盖与生俱来便是不稳定的。西部绝大部分的陆块都位于海平面以下几百英尺（1英尺≈0.3米），只要海平面不发生变化冰层便会一直固着在海底。然而，如果海平面上升，冰盖便会从其被固定的地方脱离出来，开始漂浮。

　　温暖的气候能够导致南极大陆西部的冰盖突然崩落。不稳定的冰盖将快速融化疏松并大块地崩塌破裂，坠入大海中。另外，海冰将使全球海平面上升20英尺（约6.1米），将沿海地区淹没，科学家们应慎重地考虑这场可能发生的灾难。即使两极地区的冰盖缓慢地发生融化，到本世纪末大洋海平面也会升高12英尺（约3.66米），淹没世界上的一些海岸平原和沿海城市。海平面上升也会使南极大陆西部的冰架从海底脱离抬升，漂浮进入温暖的赤道水域，在赤道地区它们会快速融化，最终使海平面变得更高。

图145
1913年8月16日蒙大拿市弗拉塞德区，冰川国家公园的斯佩里冰川中部分被雪填充的冰隙（本图由美国地质调查局的W.C.Alden提供）

冰川涌流

在北美大约存在着200个涌动的冰川，其中一些冰川像是注定要通过阿拉斯加的石油管道所在的位置，此石油管道被用来运输从北坡到瓦尔德斯海港的石油。在涌流冰川存在的大部分时间内，它跟平常的冰川没有什么区别，每天也就移动两英寸（约5厘米）的距离，也就指甲那么长的距离。然而，每隔10～100年的时间，涌动的冰川便会迅速向前运动，速度达到平时的100倍。位于冰岛上的布鲁阿冰川便是一个典型的例子，在一年的时间里布鲁阿冰川向前运动了5英里（约8千米），有时其运动速度高达16英尺/小时（约4.9千米/小时）。

涌浪经常像大的波浪一样沿着一个冰川向前推进，其移动方式就像毛毛虫一样从一个位置移动到另一个位置。下部冰河中的冰川融水作为润滑剂，促使冰川快速的流向大海。冰川下部增加的水压足以将冰川基底托起，克服了冰川与岩石间的摩擦力，这就使冰川脱离了束缚，在重力的作用下向山下滑动。冰川涌流可能受气候、岩浆热和地震的影响，但其确切的原因还没有明确的解释。然而，一个让人不能忽视的现象是，涌流冰川跟普通的冰川都在同一个地区分布，几乎是一个接一个彼此相邻。此外，另一个难以解释的现象是，1964年阿拉斯加发生的大地震并没有像以往那样产生大量的冰川涌流（图146）。

哥伦比亚冰川的冰峰恰好处于瓦尔德斯冰川的西部，位于威廉姆王子湾深水区300英尺（约91米）的区域。几百年来，冰川在各种作用下形成了崩裂冰山和被称为碎冰山（或叫小冰山/海面浮冰）的小块冰，这些冰川活动是导致威廉姆王子湾深水区海上行船困难的主要原因。20世纪80年代初，哥伦比亚冰川全面后退，后退的距离在四年内达到1.5英里（约2.4千米）以上。在过去的100～150年里，另外的一些冰川也发生了后退现象。

阿拉斯加南部的白令冰川被誉为北美大陆上最大最长的涌流冰川，也是地球上温度最高的涌流冰川。1993年6月，白令冰川开始以300英尺/天（约91米/天）的速度快速向下倾斜，这是26年来的第一次。涌流冰川以中心为起点开始扩张，直到延伸到海边才结束。这个长120英里（约193千米）的冰川持续快速运移了两年的时间，类似的事件在1900年、1920年、1940年、20世纪50年代末都有发生，最后一次运动结束的时间为1967年底。

一般来说，冰川的运动速度为10英尺/天（约3米/天），然而，最近的

这次冰川涌流却使河流中冰的运动速度达到了正常速度的好多倍。在仅仅3个星期内,冰川的末端向前移动了约1英里（约1.6千米）的距离。随着冰川的持续涌动,形成了各种各样的地貌特征,如:深裂隙隆起、压力桥、由交切裂隙组成的广泛分布的复杂断裂、掖断层、临时湖泊、地堑以及另外一些因压力而产生的断裂。1994年7月,白令冰川边缘暴发了一场大的洪水,结果造成了河道中荷载沉积物水流的逸出和冰川中巨大冰块的喷涌。

大约距今800年前,阿拉斯加的哈伯德冰川（图147）开始向大海方向推进,不久便退了回来。然后在500年之后同样的推进又发生了。自1985年以来,这个长70英里（约113千米）的冰河开始稳定的以200英尺/年（约61

米/年）的速度流入阿拉斯加海湾，然而，1986年6月却突然开始以47英尺/天（约14.3米/天）的速度向前涌动。同时，该冰川西部的名为瓦莱丽冰川的支流也开始以0.5英尺/天（约15厘米/天）的速度前进。哈伯德冰川的涌流造成堵塞，使拉塞尔海湾关闭，形成了一座令人惊叹的长2,500英尺（约762米）、高达800英尺（约244米）的水坝，同时，拉塞尔海湾水坝中储存的水也给南部的雅库塔特市造成了巨大的灾难。

阿拉斯加海湾周围的约20个相似的冰川都面朝大海。如果其中一定数目的涌流冰川进入海洋，势必会造成海平面大大的升高。海平面升高，南极大陆西部的冰架将脱离海底固着相应抬升，开始漂浮。大量的冰川将会涌入南侧的海洋中。随着海平面的持续上升，将会有更多的冰块涌入海洋，促使海平面不断地升高，这样会促使更多的冰块从冰川中逃逸出来，最终形成一个恶性的循环运动系统。

此外，海洋中漂浮的冰体也会向热带地区漂移，冰体通过反射太阳光、增加地球上的反照率的途径来降低全球气温，当温度达到足够低时，新的冰期又要开始了。这一情景似乎在最近的一次名为圣加蒙的间冰期末期曾经出

图147
位于阿拉斯加州阿拉斯加海湾区雅库塔特行政区，拉塞尔海湾的哈伯德冰川（本图由美国地质调查局的 *Austin Post* 提供）

现过。在这个时期内，海冰促使海洋温度急剧降低，形象地说就像一杯水中加入了冰块一样，这就为下一次冰期的来临拉开了序幕。

海平面上升

海平面的高度一直都在发生着变化，距今200万～600万年前，全球海平面上升和下降的次数不下于30次。在距今300万～500万年前，海平面达到它的最高点，那时的高度要比今天海平面高出140英尺（约43米）。距今200万～300万年前，海平面的高度比今天至少要低65英尺（约20米）。冰期期间，在冰川作用最强烈的时期海平面下降了400英尺（约122米）。如果南极大陆上覆盖的冰川全部融化，将能够为海洋提供充足的水量，使海平面上升近200英尺（约61米）。

几个世纪以来，人类文明一直都在随着海平面的变化而发生变化（表9）。如果海平面持续上升，曾经填海造田的荷兰人将会发现，它们国家的很大一部分的土地将会被淹没于水下，其中的一些岛屿将会被淹没或者是仅有一些山脊暴露于海面以上。世界上绝大多数的大城市因为位于海岸带上或者沿着内陆大的水系分布，将会被海洋入侵，仅剩下最高的摩天大楼还位于水面以上。

随着全球温度的升高，居住着世界上一半人口的沿海地区会因海平面的上升而受到不利的影响，造成海平面上升的主要因素是冰盖的融化和海洋的热扩张。在过去的半个世纪里，加利福尼亚海岸附近的水面温度升高了1℃，同时，海洋向内陆扩张，海平面升高了1.5英寸（约3.8厘米）。引起海平面上升的另一个原因是大陆沉陷，它是由于海水重量的增加使作用于大陆架的压力增大造成的。另外，北大西洋的淡水也影响了海湾中水流的流动，致使世界上其他地区温度很高时，而欧洲却达到了结冰的温度。

在过去的一个世纪里，由于南极大陆和冰岛上冰川的融化致使全球海平面升高了约9英寸（约23厘米）。就像是冷饮中加入了冰块一样，在北极漂浮的浮冰的融化并不能导致海平面发生明显的升高。在距今6,000～16,000年前，最后一次冰期的末期，当巨大的冰川融水流入海洋时，快速的冰川衰退作用促使海平面每年上升的速度比今天高出十倍多。现今海平面升高的速度已经比40年前高出几倍了，经测量，现在的升高速度大约为1英寸/5年（约1厘米/2年），而导致海平面升高的原因主要来自于冰盖的融化。

表9　海平面的主要变化

年龄	海平面	历史事件
公元前2200年	低	
公元前1600年	高	大不列颠的沿海森林被海洋淹没
公元前1400年	低	
公元前1200年	高	埃及法老苏努力尔特二世修建了第一个苏伊士运河
公元前500年	低	此时修建的一些希腊和腓尼基的港口现在已经位于水下
公元前200年	正常	
公元100年	高	存在至今的以色列的内陆港口城市海发建成
公元200年	正常	
公元400年	高	
公元600年	低	意大利拉韦纳港口变成内陆港。威尼斯被修建，现在正在被亚德里亚海淹没
公元800年	高	
公元1200年	低	欧洲人开发了低洼的含盐沼泽
公元1400年	高	洪水淹没了北海附近的一些地势低的国家。荷兰开始修建防洪堤

　　含有大量固实冰体的高山冰川似乎也发生了融化（图148），这种现象可能也是气候变暖造成的。在一些地区，似乎有一半以上的冰川都发生了融化现象，如阿尔卑斯山脉。此外，冰川融化的速度好像也在加快，在过去的20年里，热带地区的冰川也以150英尺/年（约45.7米/年）的速度在后退、消融，例如位于印度尼西亚的冰川。

　　如果目前的冰川融化作用持续发生，到2030年海平面将会升高1英尺或者更多。海平面每升高1英尺（约30厘米），海岸线便会向陆地入侵100～1,000英尺（约30～300米），海侵的距离取决于沿海地区的倾斜度。海平面升高3英尺（约0.9米），便会淹没美国约700平方英里（约1,127平方千米）的沿海岛屿，包括密西西比三角洲的大部分地区，甚至可能到达新

图148
位于华盛顿州，斯诺
霍米什区内冰峰自然
保护区内的白夹头
冰川，该冰川自1949
年开始便一直在后退
（本图由美国地质调
查局的A.Post提供）

图148
位于华盛顿州，斯诺霍米什区内冰峰自然保护区内的白夹头冰川，该冰川自1949年开始便一直在后退（本图由美国地质调查局的A.Post提供）

奥尔良的城郊区。海岸线的后退将会导致沿海岛屿和障壁岛的消失，障壁岛是用来保护沿海地区避免暴风雨袭击的一个屏障。同时，养活了数百万人的肥沃的低洼三角洲地区也将消失得无影无踪。一些海洋生物用来繁殖后代的小片的湿地也会变得毫无踪迹。

　　易受破坏的沿海城市必须在遥远的内陆重建或者是修筑海岸防洪墙来阻挡海洋的入侵。同时，世界上的其他地区生活也会变得十分艰难。印度西南部的马尔代夫共和国一半的岛屿将从世界上消失，孟加拉国的大部分领土也将被海水淹没，在离开生育自己的土地之后人们并不能很好地养活自己，一种艰难的局面将会出现。

　　在美国，陡浪伴随着海洋中的风暴袭击海滩，会导致灾难性的海滩侵蚀（图149）。海浪的持续侵蚀也破坏了多数用来抵御海平面上升的防护墙；美国90%以上的沙滩已被埋在了海浪下面；沿着东海岸和东德克萨斯州延伸的障壁岛和沙坝也以惊人的速度消失在人们的视线之中；位于北卡罗莱纳州的海滩正以4～5英尺/年（约1.2～1.5米/年）的速度消退，经常破坏人们居住房屋的海蚀崖也以几英尺/年的速度被侵蚀、后退。大多数的防护墙在阻止海岸侵蚀上是起不到作用的，在海浪无情地向海岸拍打的过程中，这些防护墙最终将以失败而告终。

海平面现在上升的速度达到了一个世纪前的10倍，经测量速度为0.25英寸/年（约6.4毫米/年）。海平面上升的主要原因来自于冰盖的融化，特别是来自于南极大陆西部和格陵兰岛上冰川的融化。格陵兰岛的冰川中储存了世界上约6%的淡水。气候的明显变暖使位于格陵兰岛的冰川每年融化出多于50×10^9吨的水，相当于每年融化11立方英里（约46立方千米）的冰。格陵兰岛冰川融化出的水和因裂冰作用进入大海的冰山造成全球海平面上升的贡献量，占到全球海平面上升比重的7%。目前，格陵兰岛南部和东南部边缘的冰盖正在以7英尺/年（约2米/年）的速度变薄。此外，格陵兰岛上的冰川正在快速地向海洋移动，造成这种现象的原因可能是冰川的融化作用，源于冰川中的冰川融水在促进冰流向山下的滑动过程中充当了润滑剂的作用。冰川融水使海平面上升，增加了世界上各个沿海地区在高海潮和风暴期间发生洪水的几率。

图149

北卡罗来纳州，基蒂霍克暴风雨期间对沿海建筑造成的财产损失（本图由美国地质调查局的R. Dolan提供）

目前，更多的冰山从冰川上崩解滑入大海。同时，冰山正变得越来越大，严重威胁着冰盖的稳定性，而造成不稳定性的最终原因却是全球气候变暖。在确定温室气体是否是真正导致全球变暖的主要原因时，科学家们产生了分歧。科学家们正在着手研究声波在海水中的传播速度，因为声波在温水中的传播速度要比冷水中传播的快，对这种声学记忆现象进行长期的观测便能判断出全球变暖是否具有确定性。具体的方法是，从一个发射站发射出低频声波，然后在世界上几个分散的观测站分别监控、观测。因为信号需要花费几个小时的时间才能传输到最远的观测站，所以从5～10年里的每个传播周期中截取几秒钟进行分析，便能完全确定海洋确实正在变暖。

进行海洋升温测量的第一个直接的方法是用卫星对全球温度进行监测。第一次的监测结果显示，自20世纪70年代以来，两极地区的海冰面积似乎已经缩小了6%。然而，对北冰洋温度的连续监测表明，在过去的40年里，这个地区的温度并没有明显升高。对这种现象的解释是，北极地区或许将是世界上最后一个被温室气体影响的区域。在南北半球的冬季，北冰洋的大部分地区都被海冰所覆盖，同时整个南极大陆也被冰川所覆盖。如果全球变暖融化了极地地区的海冰，以捕捉有机微生物为食的海洋生物的数量会因有机微生物数量的减少而急剧下降，最终影响到世界上整个海洋生态系统。

在最后一次冰期前的圣加蒙间冰期期间，冰盖的融化导致海平面大幅度上升，比目前的高度要高出60英尺（约18.3米）。如果全球的平均温度持续升高，现今所处的间冰期的温度最终会变得跟圣加蒙间冰期的温度相同，甚至会更高。气候变暖将会导致南极大陆西部冰盖的不稳定，并促使冰盖涌入海洋。冰体进入海洋的速度加快最终导致海平面上升20英尺（约6.1米），上升的海水将会向内陆地区入侵3英里，造成数万亿美元的损失。

本章主要讨论了冰川冰在地质上所扮演的角色，包括：地形的演变、对气候的影响、对海平面的影响。下一章我们将讲述小行星、彗星对地球的撞击作用，撞击产生的原因，可能的降落地点以及陨石撞击对地球生命的影响。

9

撞击坑
宇宙物质的入侵

本章主要讨论破坏性最强的地质力——宇宙物质撞击地球带来的巨大浩劫。地球上最根本的环境灾难就是小行星或彗星撞击地球所造成的巨大破坏。全球已经发现了150多个大陨石坑（图150），它们可能与物种大灭绝有关。

在地球的历史上，有时候像小山一样大的小行星撞击到地球上，造成巨大的破坏和悲惨的生物大灭绝事件。大量的彗星群，或许包含几千个彗星都撞击在地球上，也可以解释物种的灭绝。偶尔也有一些偏出轨道的小行星与地球擦肩而过。如果其中有一个撞击在地球上，就会给地球带来像全球核战争一样大的浩劫。巨大的陨石撞击地球带来的后果与假想的核战争没有区别，都会给地球上的生物带来灭绝的危险。

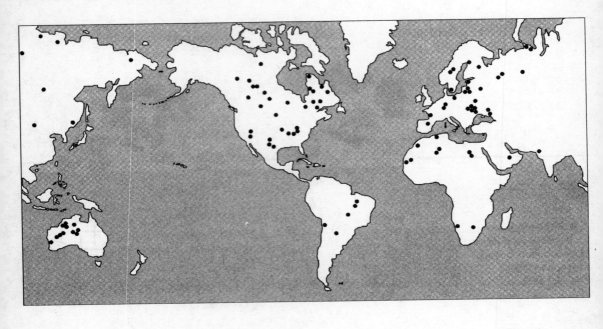

图150
全球知名的大的陨石
撞击构造的位置

小行星带

　　小行星带，来自希腊语，意为"星般闪烁"，是太阳系的一部分。小行星带位于火星和木星的运行轨道之间，由上百万颗直径大于一英里的太阳系星体以及无数个小星体组成。但是，并不是所有的小行星都位于主带之中，一个有趣的叫做"特洛伊"的小行星群的运行轨道与木星一致；另一个貌似小行星的物体运行轨道变化相当大，近的在火星附近，远的地方到天王星之外；还有一个大的星体叫做"喀戎"，它的轨道位于土星和天王星的轨道之间，这对小行星来说确实是一个比较奇怪的位置。

　　小行星是发现相对比较晚的星体。1801年1月1日，意大利天文学家朱塞普·皮亚齐在火星和木星这一宽阔的空间内寻找"消失的行星"的时候，意外地发现了第一颗小行星——谷神星，以西西里岛谷物女神的名字来命名。这是目前已知的最大的小行星，直径大于600英里（约257.5千米）。

　　由于木星强大的万有引力吸引，这些围绕太阳运转的小行星体并不能拼合成一个大的行星，相反，这些原始的星体碎片反而形成几个比月亮还小的小行星和一个较宽的碎片带，叫做流星体。小行星之间经过无数次碰撞破碎形成大量的碎石体。最初的时候，小行星带里面的所有物质加起来的质量与现在地球的质量差不多。但是由于它们之间连续直接的碰撞，大量物质被甩出，所以现在它们的质量总和可能还不到它们原始总质量的1%。

许多小行星包含着大量的铁镍成分，说明它们曾经是其他行星的金属核的一部分，由行星之间相互的碰撞破碎而成。所以说在太阳系形成的早期一些大的小行星可能发生了熔融和分异。小行星的内核和中间部分被很大程度地加热并经历了像其他行星一样的熔融。小行星内部熔融的金属与亲铁元素一起，例如铂族元素里面的铱和锇，沉入内部核心并发生固化。经过无数年的碰撞，相对脆性的外表层岩石被剥离，小行星内部的金属核就露了出来。最后小行星之间的碰撞使金属内核破碎成几个致密的固态块体（图151）。

石质小行星密度更小，含有比较高的硅质成分。它们存在于小行星带的内部；黑色碳质的小行星，碳成分比较高，位于小行星带的外部。这两个区域之间宽阔的空间就叫做柯克伍德环缝，以美国的数学家丹尼尔·柯克伍德的名字来命名，这中间基本上没有小行星。如果一个小行星落入这些环缝当中，它的轨道就会拉长，把它向里拉出或者向外甩出柯克伍德环缝。这就使它靠近太阳以及内部行星的轨道，有可能撞向地球。

撞击成坑事件

在距今38亿～42亿年前，几千个小行星一般大的星体撞击了地球和月球（图152）。所有的内部行星和外部行星的卫星都被这次大规模的陨石雨撞击出了无数的陨石坑。幸运的是，从那以后再也没有如此大规模的小行星活

图151
比月亮小的行星被碰撞分解，进一步碰撞被分解成撞击地球的小行星

图152
月球上无数大的陨石
坑和广阔的熔岩平原
（本图由美国国家光
学天文台提供）

动。撞击摩擦生热使地球表面的玄武质地壳发生熔融。陨石冲击地壳形成
一些巨大的撞击盆地，这些陨石坑的边缘高出周围地面近2英里（约3.2千
米），而陨石坑则有10英里（约16.1千米）深。

　　在大的陨石撞击地球的顶峰时期，一个巨大的小行星撞击在了北美大
陆上，就在现在的加拿大安大略湖中部，可能形成了一个宽达900英里（约
1，448千米）的陨石坑。那时候地球表面都被海洋所包围。这次大的撞击
可能促使大陆的形成。约距今18亿年前，安大略湖再次被一个大的陨石撞

击，产生的能量熔融了大量的岩石，这次撞击形成了萨德伯里火山杂岩体——世界上最大的含镍量最高的矿体。这也是地球上现存的最古老的撞击侵蚀构造之一，叫做陨石坑，陨石坑周边是分散的破碎的锥形体，为长条状锥形的岩石，上面布满陨石撞击产生冲击波的裂隙。

休伦湖底下1英里（1英里≈1.6千米）处有一个外形貌似冲击构造的残留体，30英里（约48千米）宽，环形边界，可能是距今5亿年前由一个巨大的陨石撞击而成。如此大的陨石坑要求撞击的陨石直径至少达到3英里（约4.8千米）。这只是最近5亿年遍布世界的诸多大陨石坑中的一个。距今约3.65亿年前，截然不同的两个陨石或者宇宙物质撞击在了亚洲大陆上，这次撞击可能引发了晚泥盆纪的生物大灭绝事件。

一次大的撞击事件发生在三叠纪末期——距今约2.1亿年前，形成了加拿大魁北克省的曼尼古根陨石坑（图153）。著名的曼尼古根陨石坑宽60英

图153
加拿大魁北克省曼尼古根陨石冲击构造（本图由美国宇航局提供）

里（约97千米），是世界上第六大陨石坑，曼尼古根河和其支流围绕这个近圆形构造形成一个水库。每当陨石坑地区降水丰富时，围绕冲击构造的隆升中心，就会产生一个近完美圆形的水环。这个构造由前寒武纪的岩石组成，在大的宇宙物质撞击过程中发生了冲击变质作用。

马尼托巴省温尼伯西北的圣马丁撞击构造，宽25英里（约40千米），几乎全部被覆盖于年轻岩石之下。另外三个撞击构造包括法国罗什舒瓦尔陨石坑（宽16英里（约26千米））、乌克兰陨石坑（宽9英里（约14.5千米））以及北达科他陨石坑（宽6英里（约10千米））。这些陨石坑好像都形成于大约2.1亿年以前。这个时间与三叠纪末期的生物大灭绝一致，这次大灭绝使近一半的爬行类动物死亡，为后面统治地球长达1.45亿年的恐龙的兴起铺平了道路。

捷克境内的陨石坑是世界上几个最大的陨石坑之一，几乎覆盖了捷克西部的大部分土地，陨石坑的中心就位于首都布拉格附近，直径约200英里（约322千米），年龄至少在1亿年以上。布拉格被同心的高地和凹陷所环绕，这就更加证实布拉格盆地确实是一个陨石坑。另外，在盆地南缘的一个岛弧上发现了由撞击熔融而产生的绿玻陨石（小的圆形的玻璃状岩石）。当气象卫星检测欧洲和北非天气的时候才发现布拉格盆地圆圆的外形，正因为它的外形太大了，所以可能在以前的观察中反而容易被忽视。

大约距今6,500万年以前，可能有另外一个大的陨石袭击了地球，形成了一个至少100英里（约161千米）宽的陨石坑。陨石残片撞击迸溅起来的岩石碎片让地球陷入一片混乱之中。陨石辐射物质遍布地球，散布在世界各地年龄在6,500万年的沉积物之上。对陨石撞击点的寻找一直集中在加勒比地区周边（图154），那里厚层的波状碎石沉积沿着的熔融的和破碎的岩石分布，这些岩石都是从陨石坑中迸溅出来的。墨西哥尤卡坦半岛希克苏鲁伯镇附近好像曾经被一个巨大的小行星撞击，产生的能量相当于一亿亿吨的TNT，或者是全世界兵工厂核武器同时爆炸的能量的1,000倍。

这个陨石坑宽110英里（约177千米），是全球上最大的几个出名的冲击构造之一。它处于尤卡坦半岛北海岸沉积岩下部600英尺（约183米）处。如果陨石落在近海的海底，长达6,500万年的沉积将会把它埋入厚厚的泥沙沉积之下。另外，陨石在海中降落会引发巨大的海啸，急速地冲刷海底并将碎石带到邻近的海岸上。这次陨石撞击被认为直接导致了恐龙的灭绝，同时所

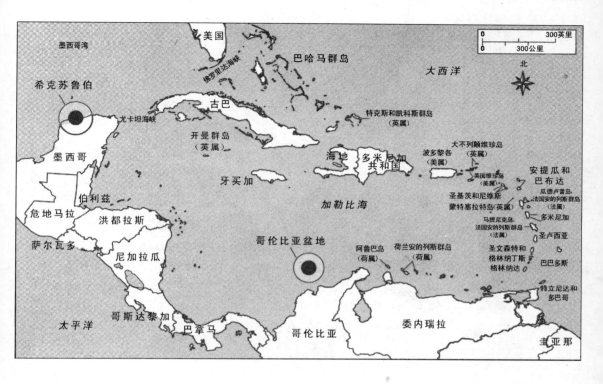

图154
加勒比地区可能的陨石撞击构造（截至白垩纪）

有其他物种的一大半的生命也遭到了灭顶之灾，主要是陆地动物和植物。所以，恐龙可能既产生于陨石撞击，也灭绝于陨石撞击。

最明显的海底陨石坑就是蒙塔格奈冲击构造，它宽35英里（约56千米），位于新斯科舍东南海岸外125英里（约201千米）处（图155）。此陨石坑产生于5,000万年前，尽管它现在位于海底，但很像是陆地陨石坑，边缘位于水下375英尺（约114米），底部深9,000英尺（约2,743米）。可见这颗大陨石的宽度应该大于2英里（约3.2千米）。撞击形成了一个中心山峰，很像我们在月球表面看到的陨石坑。这个构造里面也有突然撞击熔融产生的岩石。这么撞击也会产生一个巨大的海啸，对附近海岸造成很大的破坏。

距今约4,000万年前，两到三颗的陨石撞击地球可能造成了另外一次生物大灭绝，古老的哺乳动物都在这次事件中灭亡，那些大型的奇形怪状的生物的灭亡为现代哺乳动物的发展奠定了基础。另外，欧洲那些大的山脉也在这一时期形成。撞击造成大量地壳向上逆冲，可能使地球上的温度大幅度降

221

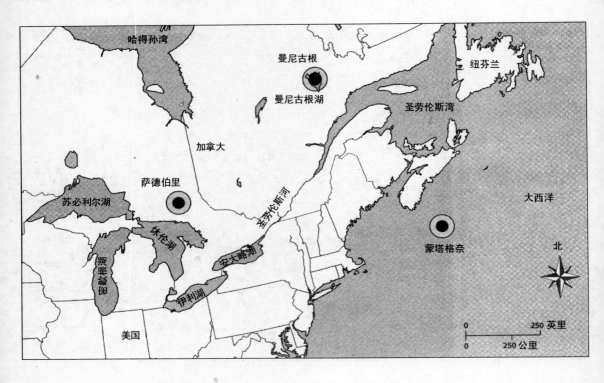

图155
北美曼尼古根和蒙塔
格奈冲击构造的位置

低，这也造成了地球上大量不能适应寒冷环境的物种的灭绝。

距今约2,300万年前，一个小行星或宇宙星体撞击了加拿大北极圈内的德文岛，巨大的冲击力使地下半英里多的岩石都向天空飞去。陨石砸出一个宽15英里（约24千米）的大坑，被称为霍顿坑。撞击将花岗片麻岩击碎迸溅到空中并回落到地球上形成角砾岩。方圆100英里（约161千米）的动植物都无法生存。那时，这个地区比现在温暖繁盛得多，有大片的云杉和松林。今天这个陨石坑被建成未来登陆火星的实验基地，因为火星上也遍布着相似的陨石坑。

距今约50,000年前，一个大的陨石降落在今天的亚利桑那州北部的温斯洛镇附近。这次撞击溅起了近2亿吨的岩石，并形成了一个4,000英尺（约1,219米）宽、560英尺（约171米）深的陨石坑，陨石坑周缘比四周的沙漠高出135英尺（约41米）。这次撞击释放了大约相当于20兆吨TNT的能量，相当于最强大的核武器。大爆炸将岩石物质炸得粉碎，在陨石坑周围沉积最厚达75英尺（约11米）。从陨石坑向外迸溅的是几吨重的金属质陨石碎屑。这就意味着陨石是铁镍质陨石，直径约200英尺（约61米），重约100万吨。今天这个陨石坑成为一个旅游胜地，叫做Meteor crater（图156），也以"巴林杰陨石坑"著称，人们在这里可以看到世界上保存最完好的陨石坑。因为侵蚀较少，沙漠中和冻土地带的陨石坑一般保存得较好。

加拿大魁北克省新魁北克陨石坑是目前已知的最大的陨石坑，在那里真实的陨石碎屑已经被找到。这是一个相对年轻的陨石撞击构造，可能只有几千年，直径11,000英尺（约3,353米），深1,300英尺（约396米）。坑中包含一个深的湖泊，水面低于陨石坑边缘500英尺（约152.4米）。

就在3,000年以前，一个陨石落在内布拉斯加州西部12英里（约19千米）处，形成了一个1英里（约1.6千米）宽的陨石坑。另一个陨石冲击构造，叫做"狼湾陨石坑"，位于西澳大利亚霍尔斯克里克附近。大块的原始陨石（图157）散落在陨石坑的四周。这个陨石坑相当浅，直径2,800英尺（约853米），深度只有140英尺（约43米）。它的存在说明在地球历史上一直存在着大型陨石对地球不间断的撞击，也许现在正有陨石飞来，并在未来的某个时间撞击在地球上。

图156
亚利桑那州温斯洛附近的陨石坑（本图由美国地质调查局提供）

223

图157
西澳大利亚狼湾陨石
坑中发育的岩石裂隙
（本图由美国地质调
查局的G.T.Faust提
供）

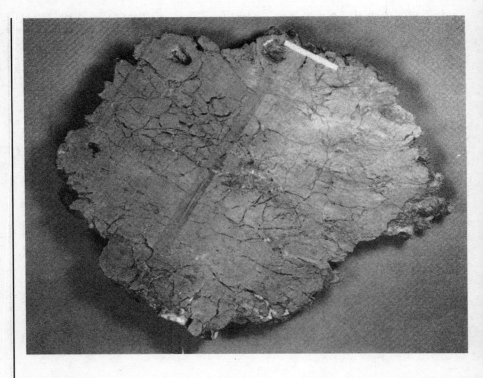

陨石撞击频率

　　被陨石严重撞击的月亮高地是月球上最古老的区域，其中记录着距今40亿年前的一次剧烈的撞击事件。一般来说，星球表面越老，上面的陨石坑越多。随着时间流逝，因为小行星和彗星的亏损，撞击事件的数量急剧降低，发生陨石撞击的频率也会变低。太阳系的各个部分发生陨石撞击的频率不太一样。通过撞击频率和总体陨石坑的数量，我们可以得出这样一个结论，在过去的几十亿年中，地球、月球以及其他的内圈行星的平均撞击频率是类似的。

　　一般来说，由于小行星带位于太阳系的内圈，所以说太阳系外圈的行星及其卫星遭受陨石袭击的可能性要比内圈行星低得多。然而，当对比月球和火星上的陨石坑大小时，发现它们基本相同。由此推断月球和火星遭受陨石撞击的频率也基本相等。但是，因为火星更接近于小行星带，所以火星被陨石撞击的可能性估计要比月球大一些。

　　最近的2亿～4亿年前，火星曾发生过大的毁灭性事件，月球表面虽然伤痕累累，但其年龄却在数十亿年。因为火星表面有侵蚀性的地质营力，像风和冰的风化剥蚀作用，可能会将陨石坑的痕迹抹去（图158）。相反，破坏月球表面陨石坑的主要机制则是其他的陨石撞击。另外，月球上陨石撞击的高度重叠也使地质研究变得十分困难，很难将陨石坑排出一个合理

图158
火星上陨石坑密集的地区，显示了风的侵蚀作用（本图由美国宇航局提供）

的撞击次序。

在地球上，撞击坑的年龄分布从距今几千年到近20亿年前。在过去的30亿年里，陨石撞击频率相当一致，产生直径为30英里（约48千米）或者更大的陨石坑的撞击事件大约是每5,000万～10,000万年发生一次。产生直径为10英里（约16千米）宽的陨石坑的三次大的陨石撞击事件大约是每百万年发生一次。一个直径为半英里（约800米）的小行星，其撞击能量相当于100万兆吨的TNT，足以毁灭世界上四分之一的人口，这种陨石撞击地球的频率是每10万年一次。几百英尺（约上百米）宽的小陨石大约每200～300年撞击地球一次，产生的能量相当于数百万吨级的核武器，足以摧毁一个大城市。

所有已知的分布在地球上的陨石坑，绝大多数年龄都小于2亿年。由于侵蚀和沉积作用，那些老的陨石坑已经被破坏，不容易被发现。结果，年龄小于1亿年的所有大的陨石坑目前只有10%被发现。绝大多数著名的陨石坑都分布在大陆内部的稳定区域，因为这些地区经历的侵蚀程度和其他的破坏性作用的程度较低。

陨石的撞击

地球上十分活跃的地质作用已经把古老的撞击坑抹去，只留下一些微弱的痕迹。太阳系中其他星体上的撞击作用却相当明显，数量也很大（图159）。但是，地球好像躲过了一些特大的剧烈的撞击作用。然而，因为它较大的外形和引力作用，地球还是比它最近的邻居——月球多遭受了好几倍的陨石撞击事件。于是，我们的星球也同样遭受了与太阳系其他行星一样多的陨石撞击，但是只残留了一些古老陨石坑的痕迹。地球上许多圆形结构可能都是陨石冲击构造的蛛丝马迹。但是，由于起伏较低的轮廓和微弱的地层，它们在以前并没有被认为是陨石坑。

地球上许多的地质特征，曾经被认为是由地质内力（像上隆作用）形成的，但是现在也被认为是陨石坑。例如，位于犹他州峡谷地国家公园中科罗拉多河和绿河交汇处的隆起圆丘，刚开始被认为是盐丘上拱上覆地层，形成一个宽3英里（约4.8千米）、高1,500英尺（约457米）的气泡状的褶皱。但是，另一种解释认为这个构造实际上是一个被深度侵蚀的陨石坑，为一个古老的冲击构造的残留体，是由一个巨大的宇宙物体（如小行星或彗星）撞击地球

图159
水星上密集的陨石坑
构造（本图由美国宇
航局提供）

形成的。

自从距今3,000～10,000万年前陨石撞击到地面以来，上覆岩层被剥蚀了一英里（1英里≈1.6千米）还多，这就使这个构造可能是地球上被剥蚀最严重的陨石坑。最初陨石在地面上冲出了一个宽达4.5英里(约7.2千米)的大坑，在后来的许多年中它已经被深度侵蚀，严重地改变了其外部形态。穹隆本身像是陨石坑的中心反弹，类似于月球上的冲击构造，巨大的冲击力过后地面反弹上升。这个陨石估计有1,700英尺(约518米)宽，以每小时几千英里的高速撞向地球。在撞击过程中，它形成了一个巨大的火球，将周围几百英里内的所有东西都烧成灰烬。

一些陨石撞击事件来源于多次撞击，留下了由相距不远的两个或者更多个冲击构造形成的一串陨石坑。它们往往是由一个小行星或彗星在外太空或者刚进入大气层中时被分解成多个块体造成的。乍得北部的撒哈拉沙漠中有三个宽约7.5英里(约12千米)的陨石坑，它们可能是由一个直径为1英里(约1.6千米)的星体分解撞击而成。两对孪生陨石坑——俄罗斯的喀拉和尤斯特喀拉陨石坑，黑海北海岸附近的古塞夫和卡缅斯克陨石坑，它们都是同时形成的，相距不过几十英里(约上百千米)。斜穿南伊利诺斯州、密苏里州和南堪萨斯州的是逐渐倾斜的8个大凹陷，2～10英里（约3.2～16

千米）宽，平均60英里（约97千米）一个。阿根廷里奥夸尔托附近有一串10个椭圆形的陨石坑，最大2.5英里（约4千米）长、1英里（约1.6千米）宽，线状延伸30英里（约48千米），说明大约在距今2,000年前，一个宽500英尺（约152.4米）的陨石以一个较小的角度撞击地球，破碎成几块弹起并一连串地撞击出了好几个坑。

全球遍布着许多陨石冲击构造（表10），它们都有着大的圆形特征，是被大的陨石在地表的突然撞击产生的。陨石坑外形一般为圆形或者椭圆形，宽度从1英里到50英里（约1.6～80千米）（或者更多）不等。一些陨石撞击形成持久的与众不同的陨石坑，另外一些则只显示前面陨石坑的外形。它们存在的依据只是圆形分布以及包含因冲击变质作用（需要瞬间产生类似于地球内部深处的高温高压）而产生的岩石。

最易识别的撞击构造外形就是发散的锥形体。它们是由岩石的锥形和条纹形破碎形成的。这很容易形成细粒的没有内部结构的岩石，如石灰岩和石英岩。大的陨石撞击也可以形成具有显著晶面条纹（图160）的冲击石英颗粒。石英和长石矿物易产生这种结构，当高压冲击波对晶体施加剪切力的时候，就会形成平行的破裂面，形成矿物叶片。

表10　世界上主要陨石坑和撞击构造的位置

名称	位置	直径（英尺）
阿尔尤母切明	伊拉克	10,500（约3,200米）
阿马克	阿留申群岛	200（约61米）
阿姆贵德	撒哈拉沙漠	
奥威罗	撒哈拉沙漠西部	825（约251.5米）
巴格达	伊拉克	650（约198米）
博克斯霍尔	澳大利亚中部	500（约152.4米）
布伦特	加拿大安大略湖	12,000（约3,658米）
卡姆珀·德尔·塞罗	阿根廷	200（约61米）
丘伯	加拿大昂加瓦	11,000（约3,353米）
曲溪	美国密苏里州	
达尔加兰加	西澳大利亚	250（约76.2米）
深水湾	加拿大萨斯喀彻温省	45,000（约13,716米）

名称	位置	直径（英尺）
达克沃尔特	美国内华达	250(约76.2米)
弗林可瑞克	美国田纳西州	10,000(约3,048米)
圣劳伦斯湾	加拿大	
哈根斯夫加德	格林兰	
哈维兰	美国堪萨斯州	60(约18.3米)
亨伯利	澳大利亚中部	650(约198米)
哈勒福德	加拿大安大略湖	8,000(约2,438米)
卡里亚夫	苏联爱沙尼亚	300(约91.4米)
肯特兰穹隆	美国印第安纳州	3,000(约914米)
克福尔斯	奥地利	13,000(约3,962米)
博苏姆推湖	加纳	33,000(约10,058米)
曼尼古根水库	加拿大魁北克省	200,000(约60,960米)
梅若威瑟	加拿大拉布拉多	500(约152.4米)
流星陨石坑	美国亚利桑那州	4,000(约1,219米)
蒙塔根努瓦（黑山）	法国	
多林山	澳大利亚中部	2,000(约610米)
穆尔加	苏联塔吉克斯坦	250(约76.2米)
新魁北克	加拿大魁北克省	110,000(约33,528米)
纽德林格瑞斯	德国	82,500(约25,146米)
敖德萨	美国德克萨斯州	500(约152.4米)
比勒陀利亚盐场	南非	3,000(约914米)
舍喷特山	美国俄亥俄州	21,000(约6,401米)
马德雷山脉	美国德克萨斯州	6,500(约1,981米)
斯科特阿林山	苏联西伯利亚	100(约30.5米)
施泰因海姆德国	德国	8,250(约2,515米)
泰尔木真	阿尔及利亚	6,000(约1,829米)
特努美尔	撒哈拉沙漠西部	6,000(约1,829米)
维勒德福特	南非	130,000(约39,624米)
韦尔斯可瑞克	美国田纳西州	16,000(约4,877米)
狼湾	西澳大利亚	3,000(约914.4米)

图160
大的陨石撞击中形成的高压冲击波在岩石晶体表面形成的交错条纹

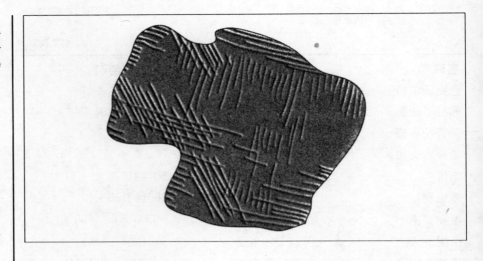

陨石撞击产生的瞬间高温也会将沉积物熔化成小的玻璃质球体。这种玻璃质球体的沉积在南非有着广泛的分布，年龄在35亿年，局部沉积厚达1英尺（约30.5厘米）。具有相同年龄的玻璃质球体也发现于西澳大利亚。墨西哥湾发现了厚达3英尺（约91厘米）的球体层，这与距今6,500万年前墨西哥尤卡坦半岛的希克苏鲁伯陨石撞击构造有关。这种球粒类似于碳质球粒陨石（在

图161
大陨石坑的形成过程

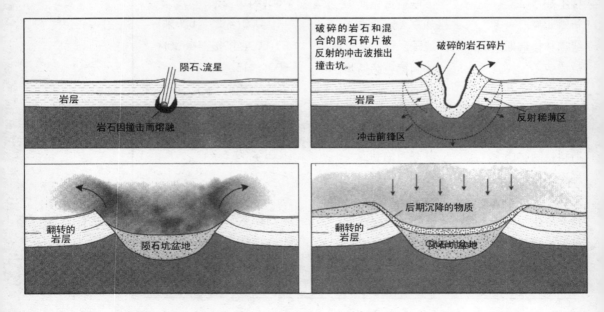

月壤中发现的一种富碳的陨石）中的玻璃质陨石球粒（圆形颗粒）。这些发现说明在地球的早期历史中，这些大的陨石撞击对塑造地球表面的形态起了至关重要的作用。

当陨石撞向地球表面，它会产生一个巨大的冲击波，以几百万个大气压的压力传向岩石并反射回陨石内部。在陨石撞入地面的时候，它使周围的岩石迅速变平，翻转并从陨石坑中喷射出来，随后就是被撞击熔融的陨石伴随着因高速冲击而产生的熔融岩和蒸发岩一起迸溅出来，更细的物质被喷射并飘浮于大气中。同时，粗粒的岩石碎屑在陨石坑周边降落下来，形成一个高耸的陡峭堆积的边缘（图161）。

高速运行的大陨石在撞击过程中会发生完全碎裂。在这个过程中，它们一般可以形成一个比陨石自身大20倍的陨石坑。被撞击的不同岩性的岩石由于其强度的相对差异，所形成的陨石坑大小也各不相同。同一陨石在结晶岩石（如花岗岩）中造成的陨石坑，可能是在沉积岩中形成陨石坑的两倍大。直径大于2.5英里(约4千米)的简单的陨石坑（图162）可以形成较深的盆地。相反，复杂的陨石坑要浅得多，其宽度是深度的100多倍。陨石坑中心常常含有一个上凸的穹隆，周围被一个环形的水槽和一个断裂边缘所环绕。

地球上高活动性的侵蚀作用已经将古老的撞击构造的大部分都剥蚀掉了。当然也有些例外，那就是一些特别大的陨石坑，宽超过12英里(约19.3千米)，深达2.5英里(约4千米)或者更多。这些陨石坑很深，以至于侵蚀作用剥蚀了整个大陆，它们也会残留一些模糊的痕迹。由那些极端大的陨石

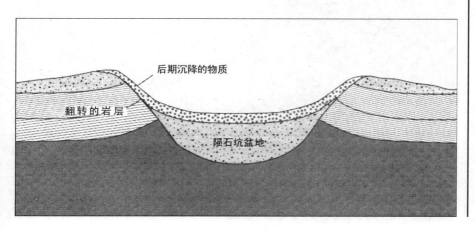

图162
简单的陨石坑构造

后期沉降的物质

翻转的岩层

陨石坑盆地

撞击形成的陨石坑，其暂时深度可达20英里（约40千米）或者更多，可以将下面热的地幔揭开。地幔以这种方式的暴露会造成巨大的火山喷发作用，向空中释放出比陨石撞击本身更多的物质。

流浪的小行星

小行星就是体积较小的行星，直径至多为几百英里（1英里≈1.6千米）（图163）。绝大多数的小行星，在火星和木星之间形成一个宽阔的碎石带，围绕着太阳转动。小行星带与黄道（太阳运行平面）大约有一个10°的倾斜夹角。小行星带里大约有100万个直径大于（或等于）0.5英里（约800米）的小行星，大约有18,000个因距离太远而不能定位和辨认。其中，约有5,000个已经被准确测定其运行轨道。大的小行星的运行轨道已经在图上被准确的标定出来，以便于前往太阳系之外的空间探测器能够安全地穿过小行星带而不会发生碰撞。

大多数的小行星以椭圆形的轨道绕太阳旋转。有时候一些小行星运行轨道变化太大，从而进到内圈行星（包括地球）的运行轨道中去。目前已经观测到大约有60个小行星离开主要的小行星带，进入到与地球运行轨道交叉的

图163
火卫一，离火星较近的卫星，宽13英里（约21千米），可能是一个被捕获的小行星（本图由美国宇航局提供）

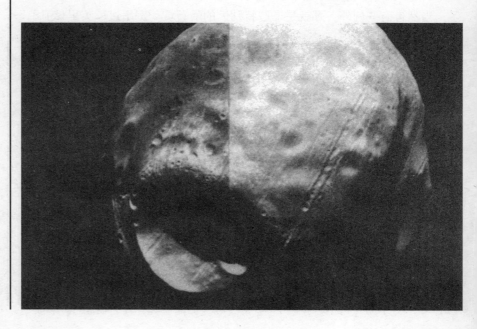

轨道上去。但它们究竟是怎么落入与地球运行轨道交叉的轨道上的？这依然是个谜。表面上看来，这些小行星在近圆形的轨道上运行了100万年或者更多。但是因为一些不知明的原因，它们的运行轨道被突然拉长变成椭圆，从而使它们在运行到某个时刻上可以与我们的星球相遇。

那些运行轨道与地球轨道有交叉的小行星，叫做阿波罗小行星群，它们可能起源于太阳系之外，像是因多次与太阳相遇而脱去挥发份物质（由冰和气组成）的彗星。大量的阿波罗小行星已经被辨认出来，总数可能达到1,000个。大多数都很小，只有在与地球擦肩而过时才能被发现。与地球和其他行星不可避免的碰撞在不断减少着它们的数量，需要其来源的补充，即可能来自于慧核的不断补充。

1937年10月30日，一颗小行星以22,000英里/小时（约35,406千米/小时）的速度与地球擦肩而过，这就是赫尔姆斯，历史上几颗距离地球最近的小行星之一。这颗直径为1英里（约1.6千米）的小行星穿过地球时，与地球距离只有短短的50万英里（约80.5万千米），大约只相当于地球与月球距离的两倍。从天文学上来说，这已经是非常非常近的距离了。如果赫尔姆斯撞击在地球上，将会释放出一个相当于100,000兆吨的氢弹的能量。确实，核战争与大体积的小行星撞击有诸多的相似性。陨石撞击会向天空中释放出大量的灰尘和烟尘。空气中飘浮的碎片遮天蔽日，使地球陷入几个月的寒冷期。

历史上与地球距离最近的小行星发生在1989年3月22日，即小行星1989FC，与地球最近距离为43万英里（约69.2万千米）（图164）。这颗小行星直径约0.5英里（约800米）。尽管与地球撞击会带来巨大的灾难，但是由于其运行轨道几何学特征，气流被缓冲，我们侥幸地躲过了这一劫。这颗小行星绕太阳的转动方向与地球一致，公转周期约为一年，转动速度与地球几乎相同，于是，相当于其他宇宙物体来说，它靠近地球的速度要慢得多。但是，因为地球体积比较大，地球的万有引力可能会加速1989FC的靠近。如果碰撞发生，这颗小行星将会产生一个5～10英里（约8～16千米）宽的陨石坑，足以装下一个大城市。

直到它远离地球的时候，天文学家才发现1989FC这颗小行星。这时天文学家们才注意到，这颗小行星与背景星体相比，运动速度有了明显的降低。令他们后怕的是，这颗小行星沿着近乎平直的轨道从地球附近穿过，像是从地球上射出的一样。天文学家没有发现这颗小行星是因为它是沿着太阳照射的方向飞来的，另外，当时月亮接近满月，进一步阻碍了观察效果。

图164
迄今所知最接近地球
的小行星1989FC

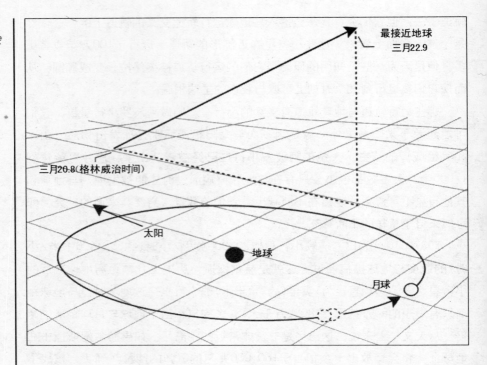

最接近地球
三月22.9

三月20.8(格林威治时间)

太阳

地球

月球

　　小行星1989FC只是30个类似的小行星中的一个，它们都在近距离地靠近地球。另外，几百或上千个直径大于1/3英里(约536米)的小行星都可能横穿地球轨道，并可能与地球近距离相遇。例如，1992年12月8日，小行星Toutatis，长2.5英里(约4千米)、宽1.6英里(约2.6千米)，以220万英里(约354万千米)的距离掠过地球。如果它轨道稍稍偏转一点，就可能与地球相撞，会产生威胁整个人类生命的严重后果。

　　除了小行星，彗星也曾经近距离地飞越地球。围绕太阳约1光年距离处有一个彗星层，其中含有约一万亿颗彗星，总质量相当于25个地球，这个彗星层叫做奥尔特云，以荷兰天文学家奥尔特的名字来命名。另外一个彗星带就是柯伊伯带，距离太阳更近，但是它依然远于冥王星。但是冥王星轨道比较奇特，与黄道(太阳系平面)呈17°倾斜，可能冥王星本身就是一个被捕获的慧核或小行星。

　　彗星是由石质内核和外部冰层组成的混合行星体(图165)。它们的特征是飞行的冰山中混合夹杂着少量的岩屑、灰尘和有机质。彗星被认为是内部细粒矿物颗粒和外部有机成分和冰层的集合体，富集H、C、N、O和S等挥发份元素。于是彗星被准确地形容为混合大量冰和岩石的冰冻泥球。

　　大多数彗星在较高的椭圆轨道上绕太阳旋转，这使它们离太阳的距离比行星远几千倍。当它们运行至近日点附近时，速度非常快，这时冰才开始活动并发生大规模的去气作用。当彗星进入太阳系内圈层时，一氧化碳冰首先汽化，并被喷射的水蒸气所替代，使彗星变得越来越明亮。水蒸气和气流向外冲，形成一个长达几百万英里的尾巴，由于太阳风的吹动，彗尾常常朝着背离太阳的方向延伸。

　　曾经离地球最近的彗星是莱克塞尔彗星，在1770年7月1日，它离地球最近的距离仅是月球距离的六倍。公元837年4月10日，哈雷彗星曾经离地球如此之近，以至于地球引力打乱了彗星的运行轨道。最早记录彗星撞击地球的时间是1908年6月30日，发生在北西伯利亚的通古斯卡森林。巨大的爆炸推倒并烧焦了方圆20英里（约32.2千米）的树木，树干从爆炸中心呈辐射状向外倾倒，就像车轮的辐条。但是，这个爆炸没有留下撞击坑，说明彗星或者石质的小行星以30,000英里／小时（约48,280千米／小时）的速度在离地5英里（约8千米）的空中就发生了爆炸。

　　彗星相对较小，估计直径在100～300英尺（约30.5～91.4米）。这可以解释为什么彗星在爆炸之前不容易被天文学家所发现。但它产生的冲击力相当大，估计相当于15兆吨氢弹。当冲击波两次环绕地球时，全世界都记录到了强烈的大气扰动。爆炸产生的灰尘使夜晚提前来临，整个欧洲在晚上都会观看到天空中明亮的辉光，这种现象持续了好几天，红色的辉光如此明亮以至于可以用它照明来读报纸。如果这个彗星在某个大城市的上空爆炸，整个城市及其郊区都会变成一片废墟。

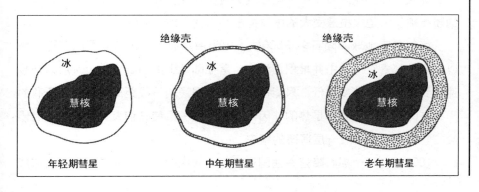

年轻期彗星　　中年期彗星　　老年期彗星

图165
彗星的生命周期：1——青年期，表层主要是新鲜的冰；2——中年期，彗星表面发育一层绝缘层；3——老年期，绝缘层很厚，隔绝了所有的彗星活动性

几乎所有彗星与地球的近距离相遇都会使天文学家们大吃一惊，但是没有一次是可以预料的。为了避免被小行星撞击的危险，对于那些对地球有威胁的星体，科学家们必须首先用天文望远镜和雷达跟踪，然后把它的运行路线准确地标定出来，最后才能准确地确定它的运行轨道。如果发现某个小行星处在与地球相撞的路线上，天文学家就会及时地发出警告，以降低被威胁地区的损失。我们可以利用核弹头的爆炸，将小行星轻轻地推离轨道，以避免与地球的相撞。但是，我们还不能将小行星炸碎，因为它可能变成致命的大型铅弹，炸碎的诸多的碎片可能会给地球造成更大的损失。

天外飞石

流星体是小行星之间持续不断的碰撞破碎而产生的碎块。由于这些碎块的数量巨大，陨石降落也是很正常的。每天都有几千个小陨石进入地球大气层。偶尔我们也可以看到流星雨，成千上万个石质流星在通过大气层时都被不同程度地烧毁了。"流星体"这个术语一般指的是太阳系中的石质物体，相反，流星一般是指进入地球大气层并被烧毁的流星体。而陨石则是能够穿过大气层并到达地面的流星。

每年会产生接近100万吨的陨石物质，很多都悬浮在大气中，这也是使天空变蓝的一个因素。幸运的是，大部分流星在大气层中都被完全烧毁。残留体穿过大气层陨落在地球上，撞击房屋和汽车，造成巨大的破坏。

只有达到一定大小的流星才可以穿过地球大气层而不被完全烧毁。落在地球表面的流星体叫做陨石（meteorite），后缀"-ite"一般指的是某种岩石。陨石主要由岩石和金属物质组成，可能是小行星之间不断的相互碰撞产生的碎块，而不像来自于由彗尾形成的流星体流。在南极洲发现的一些罕见的陨石被认为是火星遭受大的爆炸撞击而飞溅出的岩石碎块。

每年降落地球的陨石多于500块。因为海洋面积占地球表面的70%，所以大多数都落在海洋中并堆积在海底。落在陆地上的陨石也被大气层阻挡减速，到达地面时速度降低，只能撞进地表下很浅的一段距离。并不是所有的陨石在降落到地面时都是热的，因为底层的大气层使它们大大冷却，有时候会在它们的表面形成一层薄薄的霜冻。

1803年，一个陨石降落在法国诺曼底省赖格尔（l'Aigle）地区，散落成

3,000块石头，场面十分壮观，这就点燃了人类最早研究陨石的火花。这个奇观使9年前（1794年6月16日）发生在意大利锡耶纳的大规模陨石雨黯然失色。它是近年来最大的陨石撞击，极大地激励了现代陨石科学的发展。

最早的陨石降落的记载是在古老的中国，在公元前17世纪。但是，中国的陨石比较稀少。到目前为止，在中国没有发现大的陨石撞击坑。1492年11月12日降落在法国阿尔萨斯附近的陨石，是一颗重120磅的石质陨石，是目前保存在博物馆中的最古老的陨石之一。1920年在南非的赫鲁特方丹（Grootfontin）发现的Hoba West陨石，重约60吨，以它降落的农场名字而命名，是目前所知的在地球上发现的最大的陨石。

1902年在俄勒冈州波特兰发现的威拉米特陨石，长10英尺（约3米），宽7英尺（约2.1米），高4英尺（约1.2米），重16吨，年龄在100万年，是在美国发现的最大的陨石。1886年3月27日，一个重达880磅的石质陨石降落在阿肯色州帕拉戈尔德附近的一个农场里，是被人目睹的最大的从天而降的陨石。1948年3月18日降落在堪萨斯州诺顿县玉米田的陨石，砸出一个3英尺（约0.9米）宽，10英尺（约3米）深的陨石坑，是观测到的最重的石质陨石。

尽管铁质陨石在总陨石量中只占5%，但它们很容易就能被辨认出来。它们由铁镍以及硫、碳和其他的微量元素组成。它们的成分被认为是与地球铁质内核相似。确实，它们可能来自于其他早就分裂的大行星体的内核。因为它们的致密结构，铁质陨石才能在撞击过程中很好地保存下来，大多数被耕耘土地的农民发现。

一个最好的寻找陨石的地方可能就是南极的冰川之上了，在这里黑色的陨石相对于白色的雪和冰来说显得特别明显。当陨石落在南极大陆的时候，它们把自己镶嵌在运动的冰盖之中。当冰川沿着山脉向上运动时，冰雪融化，陨石就会暴露出来。一些落在南极洲的陨石被认为是来自月球，甚至来自遥远的火星（图166），由陨石撞击造成火星大块物质飞溅并被甩向地球的过程中形成的。

可能世界上最大的陨石集中发现地就是纳勒博平原，这是一个沿着澳大利亚西部和南部海岸延伸长达400英里（约644千米）的石灰岩地区。苍白平坦的沙漠平原为寻找通常为褐色的或黑色的陨石提供了一个完美的背景。因为基本上没有侵蚀作用发生，所以陨石都完好地保存在它们陨落的地方。在这里已经发现了过去20,000年中降落的150个陨石的1,000多块碎片。其中包括

图166
在南极洲发现的陨
石，被认为是来自火
星（本图由美国宇航
局提供）

一块重达11吨的铁质陨石，叫做蒙德拉比拉 (Mundrabilla)陨石。

　　石质陨石是最普通的陨石类型，占陨石总量的90%。但是，因为它们的岩石成分与地球岩石成分类似，又比较容易被侵蚀，所以它们往往反而很难被发现。陨石由细粒基质中的微小的球状硅质矿物组成。这种球粒叫做陨石球粒，来自希腊词"chondros"，为谷粒的意思，而陨石本身则叫做球粒陨石。大部分球粒陨石的化学成分被认为是与地球地幔的成分类似，说明它们在很久以前曾经是某个行星的一部分，后来发生分解。其中最重要而且让人感兴趣的一类球粒陨石就是碳质球粒陨石，它们处于太阳系中最古老的星体上。它们含有的碳质成分也可能为地球上早期生命的演化提供证据。

　　1984年4月9日，当日本的一名货机飞行员飞越太平洋的时候，在日本东京东部400英里(约644千米)处发现了一颗爆炸的小行星，这是小行星在现时代的首次爆炸。一个球形的云团迅速向四周蔓延，除了没有伴随核爆炸的发光火球，外表看起来很像核爆炸。另外，一个飞行器被发射到云团中去收集灰尘样品，结果发现没有放射性。这个蘑菇云在短短两分钟之内直径扩大到

200英里（约322千米），上升到14,000～60,000英尺（约4,267～18,288米）的高度。从爆炸形成的蘑菇云外表看来，小行星直径约80英尺（约24.4米），其能量相当于一兆吨的氢弹。

如果流星在穿过大气层时发生爆炸，它会产生一个明亮的火球，叫做火流星。1933年3月24日，"大火球"掠过新墨西哥州及其邻近各州，明亮得如同太阳。陨石云在五分钟内变成一个高耸的烟柱。一些火流星非常明亮，在晴朗的白天也清晰可见。偶尔，流星的爆炸声在地面上可以听见，听起来像雷声或者是飞行器产生的声震。每天都有几千个火流星在世界各地发生，但是大部分都悄无声息，未能让人发现。

冲击效应

当一个宇宙星体撞击地球的时候，如小行星或彗星核，撞击可以产生强大的冲击波、巨大的海啸、厚层的尘云、剧毒的气体和强烈的酸雨，这些都会给地球带来巨大的破坏。陨石降落海中产生的海啸会给海岸上和近海岸的居民带来特别大的灾难。或许最大的环境灾害就是飘浮在大气中的大量的沉积物，这些沉积物是从陨石坑中迸出的物质和气化的小行星物质混合而成的。另外，由于炙热的陨石坑碎屑点燃了大规模的野火，燃烧产生的烟灰遮天蔽日，将白昼变成黑夜。

增加的这些烟尘会显著地升高大气的密度，大大地增加大气层的不透明性，恶劣的状况使太阳光几乎不能透射。太阳辐射可以加热这个黑色含沉积物的大气层，引起热不平衡从而从根本上改变天气模式，使许多的土地变成荒芜的沙漠。狂风吹着可怕的沙尘暴席卷全球，进一步遮盖住了天空。大撞击给地球带来了这么大的困扰和灾难，随后生物大灭绝也就是必然的了。

大的小行星撞击会给地球带来翻天覆地的变化。庞大的陨石撞击会给地壳带来巨大的扰动，于是火山和地震就会在地壳的薄弱带变得活跃起来。在距今6,500万年前，当印度板块开始向欧亚板块下俯冲的时候，位于马达加斯加岛东北300英里（约483千米）的阿米兰特盆地遭受了陨石的撞击，这次撞击可能是诱发印度大规模的玄武熔岩流的主要原因，从而产生了著名的德干高原溢流玄武岩。在大规模的熔岩流的下部发现了独特的高压石英相矿物，

表11 磁场倒转与其他现象的对比（年龄：百万年）

磁场倒转	非常寒冷期	陨石活动	海平面下降	生物大灭绝
0.7	0.7	0.7		
1.9	1.9	1.9		
2.0	2.0			
10				11
40			37～20	37
70			60～70	65
130			125～132	137
160			140～165	173

这可能是在大块陨石撞击产生的高压冲击作用下形成的。

一些地磁倒转事件（地球的磁极极性交换）好像也与重大陨石撞击事件有关（表11）。几次大的磁极倒转发生在200万年、190万年和70万年前，与地球上几次寒冷时期的时间相一致。另外，最近的两次地磁倒转事件与亚洲大陆和象牙海岸地区的两次大的陨石撞击都有关系。对于重大的陨石撞击引起地磁倒转的现象，最明显的例子就是1,480万年前发生在德国南部的陨石撞击，形成一个宽为15英里(约24千米)的里斯陨石坑。陨石坑中回落物质的磁化作用说明在陨石撞击不久地球磁场就发生了倒转。

一次大型的陨石撞击或者一次大规模的陨石雨，都会向全球的大气层中喷射大量的碎屑物质。这会遮蔽太阳长达几个月甚至几年的时间，可能会导致地球表面的温度显著下降并引发冰川作用。距今230万年前，一个小行星撞击了太平洋海底，位置大约在南美洲南部尖端西部700英里（约1,126.5千米）处，地质证据显示全球气候在距今220万～250万年前发生了剧烈的变化，冰川开始覆盖北半球的大部分地区。

当一个大块陨石进入地球大气圈时，空气摩擦会使它变成一个比太阳还明亮的流星。炽热的热流可以将方圆几英里的所有事物烧为灰烬。陨石高速撞击产生的冲击波非常强大，可以将20英里(约32千米)外的人推翻在地。撞击可以产生一个快速扩散的烟尘柱，在基部扩散距离达几千英尺（1英尺≈

图167
太平洋靶场的氢弹爆
炸（本图由美国空军
部提供）

0.3米），向上可以延伸几英里（1英里≈1.6千米）高。周围大部分的大气层会被强烈的冲击波吹走。巨大的烟柱会变成一个庞大的黑尘云冲天而起，就像氢弹爆炸产生的蘑菇云（图167）。

　　大气压缩产生的热量，以及撞击摩擦使熔融的岩石大范围的飞溅，都会在全球范围内引发森林大火。大火会烧死80％的陆地生物，将这个星球烧成灰烬。撞击也会向大气中释放约5,000亿吨的灰尘。沉重的灰尘和烟尘像毯子一样将整个地球包裹起来，持续数月。紧接着厚厚的氮氧化物的棕色烟雾会给地球带来长达一年的黑暗期。从土壤和岩石中滤出的微量元素会将地下水污染并且变得有毒，酸雨会像蓄电池硫酸那样具有腐蚀性。

　　如果小行星陨落在海洋中，撞击会激起圆锥形的水帘。数十亿吨的海水会冲向空中。陨石即刻会蒸发大量的海水，使大气饱和形成翻滚的乌云。厚层的乌云遮天蔽日，隔断太阳的照射，使白天也陷入黑夜之中。在陨石撞击处也可以产生巨大的海啸，产生的波浪横扫全球。当袭击沿海区域时，波涛会向内陆肆虐几百英里（上千千米），将途经的一切毁坏殆尽，使陨石撞击成为地球上破坏性最强的地质灾害。

在本章讨论了小行星和彗星对地球的撞击、对地球及其上面的生物产生的影响之后，最后一章我们将论述这些灾难以及其他的如气候变冷、火山喷发和磁场倒转等灾害对生物造成的影响和严重的后果。

10

大灭绝

生命的消失

　　本章论述了地球历史上物种的灭绝，物种灭绝的起因和影响，以及当今世界面临灭绝的物种。当考虑整个历史长河中地球上发生的所有剧变时，生命艰难地存活至今的事实确实是不同凡响的。自生命诞生以来就居住在这个星球上的物种超过99%已经走向灭绝，所以那些存活至今的物种仅仅代表总数的一小部分。

　　40亿种的植物和动物物种被认为在地质时期就已经存在了。在过去的6亿年间，大部分存活下来的物种既经历了物种的显著进化时期又经历了悲惨的大灭绝阶段（表12）。因此，物种的灭绝与它们的起源一样，都被认为是很正常的事情。由于环境快速极端的改变，生物系统在极端压力下发生灭绝是所有大灭绝中共同的特征。

史上的大灭绝

距今大约6.7亿年前的瓦兰吉尔冰川时代，被认为是地球上最宏伟的冰川时期，厚厚的冰层覆盖在许多大陆上。在此期间的很长一段时间内，大块的冰川几乎侵占了半个陆地。所有的大陆被集合成一个超级大陆，冰川在地球的一个极点形成，并集合成一个厚冰层。那个冰川时代对海洋中的生命产生致命的打击。当时动物还十分稀少，许多简单的有机物在世界第一次大灭绝期间消失了。前寒武纪后期的灭绝杀害了大量分布在海洋中的低等动物。在初等有机物中，一个以浮游生物为食的海藻群落演变成带有核的复杂细胞。

由于自此之后各种各样的物种数目不等，所以当冰河时代结束时出现了快速增长的种群。基本代表海底有机物所有主要群体的物种的激增，为许多现代生命形式的进化发展奠定了基础。到前寒武纪时代结束时，海洋中已含

表12　物种的分布与灭绝

生物	分布	灭绝
哺乳类动物	古新世	更新世
爬行动物	二叠纪	白垩纪前期
两栖类动物	宾夕法尼亚纪	二叠纪~三叠纪
昆虫	古生代前期	
陆生植物	泥盆纪	二叠纪
鱼类	泥盆纪	宾夕法尼亚纪
海百合类	奥陶纪	二叠纪前期
三叶虫	寒武纪	石炭纪和二叠纪
菊石类	泥盆纪	白垩纪前期
鹦鹉螺目	奥陶纪	密西西比期
腕足类动物	奥陶纪	泥盆纪和石炭纪
笔石	奥陶纪	志留纪和泥盆纪
有孔虫类	志留纪	二叠纪和三叠纪
海洋无脊椎类	古生代后期	二叠纪

有由分布广泛种类繁多的物种构成的大种群。自从各种各样的物种出现后，这些不同寻常的动物统治着这个星球（图168）。

　　大量不同寻常的生物在那个时代的化石记录中占据了支配地位。大量化石的发掘说明它们不能适应当时十分不稳定的环境。由于种群的过度单一，距今5.7亿年前，在前寒武纪时代的末期发生了物种的大灭绝。生存下来的物种与那些灭绝的物种迥然不同。在温暖的环境中这些新生命形式的物种繁荣起来，成为地质史上生物激增最显著的时期。这些新奇物种大部分在形式上与现在物种是不相关的。

　　从开始于距今5.7亿年前的寒武纪时期到现在，显生宙的漫长岁月见证了淘汰巨额物种的数次大灭绝。寒武纪是进化的全盛时期。带有外骨骼的初等复杂动物纷纷登场，使大海中充满了很多种类的生命形式。在寒武纪生物大爆发时，物种多样性达到了空前的规模。原先在两极区域的陆地漂移到赤道附近的温暖区域。升高的温度和温暖的寒武纪海洋刺激了物种的快速进化。在这个时期，大量的生物种群出现，但没有与现代生物相似的物种。

　　寒武纪开始不久，一波大灭绝就使大量进化的新物种灭绝了。这次地球史上最严重的灭绝淘汰了80％多的海洋动物种类。物种相继死去直到最主要群体的灭绝，为一类被称为三叶虫的著名无脊椎动物统治海洋铺平了道路（图169）。三叶虫是原始的甲壳虫、马蹄蟹的祖先。在初等动物中，三叶虫利用坚硬的壳进行自我保护，并成为下1亿年海洋中的统治物种。

图168
前寒武纪末期的海洋动物

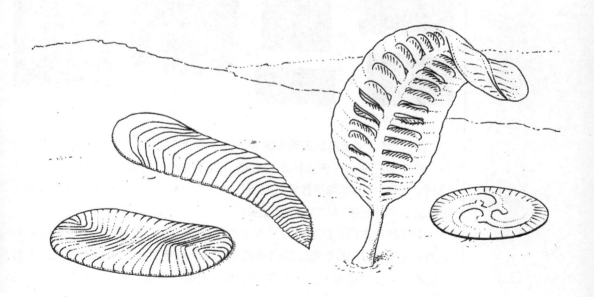

245

图169
位于加利福尼亚内华达州南部大盆地卡拉拉岩石层中的三叶虫化石

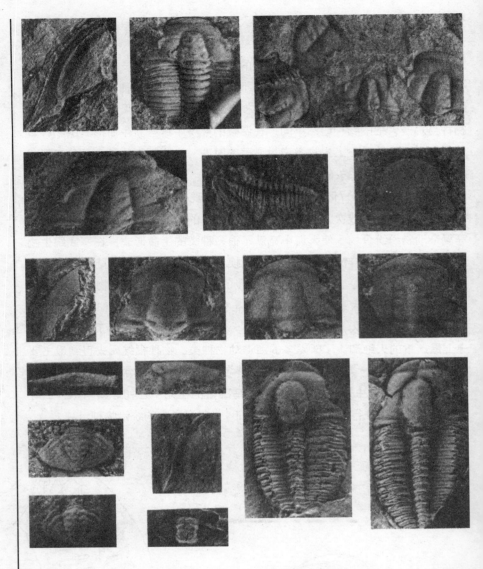

距今约4.4亿年前的奥陶纪末期，第二次大灭绝淘汰了约100个海洋生物科。在奥陶纪期间，许多种动物猛增。海洋生物科的数目从160个增长到了530个；同时，海洋属的数目达到近1,600个。同一时期地球上出现了几座山脉，暗示了地质事件与生物演化的联系。

在奥陶纪末期，随着冰层从北非向外辐射，冰河作用达到它的顶峰。寒冷的条件导致了100个海洋动物科被淘汰的大灭绝发生。因为回归线地区对环境的波动比较敏感，所以热带物种遭到了最严重的打击。在这些走向灭绝的物种中大部分是三叶虫。在灭绝之前，三叶虫约占据了所有物种的2/3。然而，自这次灭绝之后，它们缩减到了1/3。像漂浮着的梗和叶的团块状奇怪动物物种——笔石，也走向灭绝。

另外一次大灭绝发生在距今约3.65亿年前的中泥盆纪，气候寒冷造成许多热带海洋群的同时消失。这次灭绝延续了近700万年。肥沃的石灰石暗礁的制造者——珊瑚虫（图170）遭受了一次使它们永远不能彻底恢复的灭

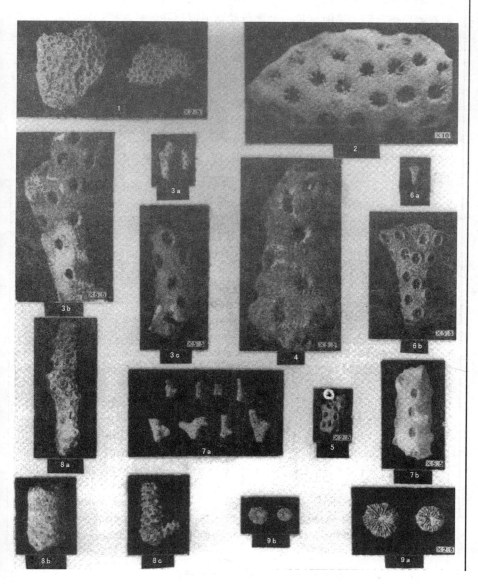

图170
来自比基尼环礁和马绍尔群岛的珊瑚化石（美国地质调查局提供，J.W.Wells拍摄）

绝。 然而，这次灭绝没有对生活在相同环境中的其他物种产生类似的影响。虽然少数珊瑚和温水物种有灭绝的趋势，但是其他许多动物群幸免于这次冲击。当珊瑚虫在它们曾经兴旺繁荣的海洋中消失时，在古生代后期它们的地位被海绵和海藻代替。90%的腕足动物科——它们有两片面对面的、通过简单的肌肉可以张开和闭合的壳，如蚌蛤，在泥盆纪末期也灭绝了。

距今约3.3亿年前，在冰川覆盖南部大陆的石炭纪冰川作用期间，没有大灭绝发生。相对低的灭绝率与泥盆纪晚期发生大灭绝后只残存了少量的物种有关。当冰河消失时，第一个爬行动物出现，并代替两栖动物成为了主宰大陆的脊椎动物。回归线地区的气候变得更干旱，沼泽地开始消失。随着气候变得更加寒冷，曾经覆盖着许多黑色沼泽的陆地开始干涸。气候变化引起又一波的大灭绝。实际上，这次灭绝摧毁了当时占据世界森林主导地位的、包括石松在内的所有的石松属植物（图171）。

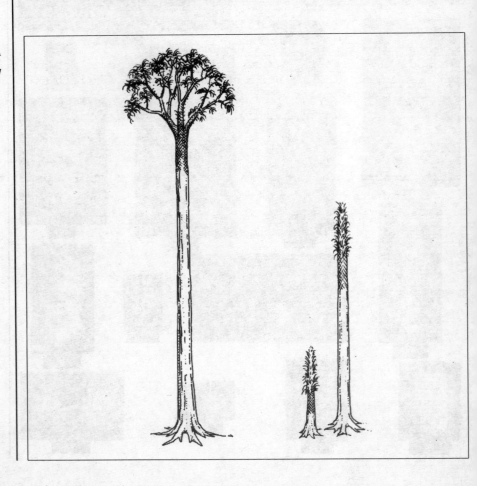

图171
石松属植物是古生代森林中占主导地位的树种之一

　　最大的大灭绝事件发生在距今2.5亿年前的二叠纪末期。这次大灭绝大概跨越了100多万年的时间。这次大灭绝恰巧与西伯利亚的巨大火山玄武岩喷发的时间相一致。这次火山喷发形成大量称之为暗色岩的阶梯状熔岩流。一半的海洋生物，包括95%的已知物种，突然消失了。约85%的生活在海洋中的生命灭绝。大陆上，70%的脊椎动物灭绝。1/3的昆虫目消失标志着昆虫在这次大灭绝中也惨遭浩劫。如此多的植物灭绝了，以至于真菌类暂时统治了陆地。

　　大灭绝紧随二叠纪后期的冰河作用而至。企图逃离灭亡的海洋无脊椎动物被迫生活在靠近赤道的一个狭窄条带里。然而，需要温暖和浅水的珊瑚虫遭受了强烈的冲击。证据是三叠纪早期缺少珊瑚暗礁。腕足动物和海百合纲动物——早期与长着肉茎并在古生代拥有黄金时代的海星有亲缘关系，在接下来的中生代降为小角色。在古生代极其繁盛的三叶虫在中生代彻底灭绝。

　　在三叠纪末，约2.1亿年前，20%或更多的科，主要是陆地动物开始以破纪录的数量级相继死亡，淘汰了约50%的物种。当大量玄武质熔岩流覆盖陆地时，灭绝由大陆的初始断裂而起。这也许是地球史上已知的最大一次岩浆喷发。这次灭绝持续了至少100万年，几乎杀死了一半的爬行科物种。海底动物群，包括有孔虫、头足动物、双壳类、苔藓虫、海胆纲动物和海百合纲动物，经历了全球范围的灭绝。可能由于气候较冷，三叠纪的大灭绝也淘汰了热带暗礁缔造者——珊瑚虫。这次灭绝永远改变了地球上生命的特征，为恐龙的出现铺平了道路。

　　在1.35亿年前的侏罗纪末期，包括雷龙、剑龙和异龙在内的许多大型恐龙家族走向灭绝（图172）。由于这次大灭绝，恐龙的消失为其他物种提供了空间，小型动物的数量猛增。大部分存活下来的物种仅局限于淡水湖和沼泽中的水栖生物，也有小的陆居动物。许多小的非恐龙的物种与那些幸存到下一次大灭绝的物种之所以能够幸存，大概是因为它们分布广泛并能找到藏身的地方。

　　涉及面最广的灭绝发生在6,500万年前的白垩纪末期。著名的恐龙和70%其他已知物种突然消失了，绝大多数是海洋动物。古代的哺乳动物、鸟类和与恐龙有亲缘关系的物种遭遇了同样的命运。恐龙的繁盛在于它们分布广泛。它们占据了各种各样的栖息地，支配着其他的所有陆地动物。约有500种恐龙至今没有分类。恐龙不是唯一灭绝的物种，在这种环境中某些生物存活下来是不可能的。然而，许多动物受到的影响并不是致命的。

　　菊石适宜生活在温暖的白垩纪海洋中（图173）。这种头足类动物弯曲

图172
异龙是大型恐龙之一，灭绝于侏罗纪末期（加拿大国家博物馆）

的壳大小不同，最大的直径在7英尺（约2.1米）。菊石在从二叠纪到三叠纪的关键过渡期幸存下来，并在中时代从严重的受挫中恢复过来。在白垩纪末期，当海洋退却使全球范围的浅水地区锐减时，菊石动物也经历了最后的灭绝。其他消失的主要海洋群包括厚壳蛤类——一种大型的珊瑚虫状的蛤。半数双壳类，包括蛤和牡蛎，也灭绝了。所有海洋爬行动物，除了最小的海龟，都在这个时期灭绝了。生活在海洋表面90%的浮游生物也灭绝了。

由于白垩纪的这次大灭绝，生命经历了一次持续数百万年的进化滞后期。后来，哺乳动物快速多样化起来，产生了各种各样的生命形式。与地球历史上其他任一同等时期相比，后恐龙时代——新生代，由于气候和地形上的极端变化，生物的生存条件在这一时期产生了极大的变化。严峻的生活环境呈现出许多具有挑战性的机会。各种动植物占领各自栖息地的范围相当明显。在大灭绝后的数量重新增长，并占领新的栖息地，对生物而言这是最好的进化机会。作为对这些机会的把握，生物们展现出了进化发展的巨大爆发力，这增加了物种的多样性。

另一场大灭绝发生在距今大约3,700万年的始新世晚期，当时地球气候进入了一个更加寒冷的时期。这场灭绝消灭了许多大型的、看起来很奇怪的古老生物。主要由南极冰层扩张而导致的海平面的大幅下降，使得1,100万年前发生了另外一场大灭绝。这些气候变冷事件使大部分脆弱的物种灭亡，只有那些生命力极其旺盛的物种，在抵抗过北半球几乎完全被冰雪覆盖的长达300万年的极端寒冷气候之后，重新繁盛起来并存活到现在。

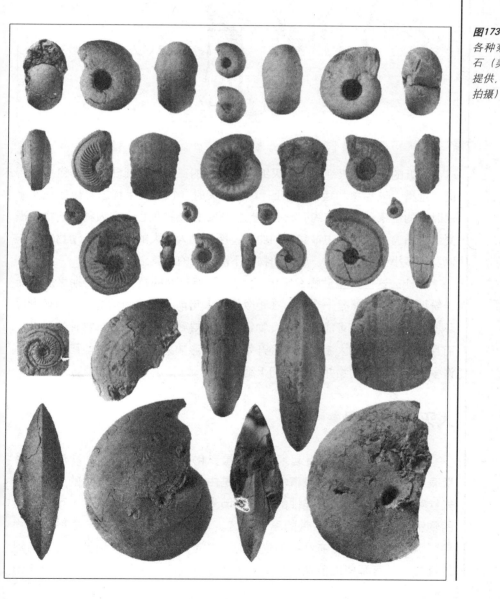

图173
各种菊石类动物壳化石（美国地质调查局提供，M. Gordon Jr. 拍摄）

最近的一场大灭绝是所有灭绝中最奇怪的。当大型哺乳动物，包括剑齿虎、地獭、乳齿象和猛犸象（图174）消失时，它的发生标志着最后一次冰河时代的结束。北美大约有3/4的重达100磅的物种灭亡。澳大利亚的物种遭受到了所有大陆物种中最猛烈的冲击，所有比人类大的陆生脊椎动物物种，以及许多小型哺乳动物、爬行动物和不能飞行的鸟类全部灭亡。

为什么这些大型动物在经历了之前300万年间的数次冰河时期之后反而纷纷灭绝，这依然是一个谜。在距今16,000年前，当冰河消退时，一场世界环境的重新大调整可能打破了食物链供给，导致几类大型食草物种的灭绝。而且，人类在这场大游戏中已经开始成为有影响力的猎手，可能已经屠杀了许多大型的哺乳动物并导致它们灭绝。

大灭绝的原因

过去的大部分灭绝看起来与由行星变化引起的地壳构造力和海平面降低有关。许多生物大灭绝事件之所以是由全球的气候变冷导致的，是因为气候可能是影响物种多样性的最主要因素。全球海洋变冷之后，可以运动的物种们竭力移居到热带的温暖地区。附着在海底和那些无法移动的物种，以及那些被困在海盆中的物种们，遭受到了生物大灭绝带来的最猛烈的打击。只有那些之前就已经适应了寒冷环境的物种们，还仍然在今天的海洋中繁衍生息。其中大部分是食草动物，它们逐渐成为可以消化不同食物的一般性物种。

许多大规模灭绝与冰河作用时间是一致的，因为温度可能是限制物种地理分布的唯一最重要因素。某些物种，比如珊瑚，只能生存在很狭窄的温度范围内，在温暖的间冰期，在所有纬度范围内都有物种分布。当温度骤降时，冰河覆盖了大陆和海洋时，物种被迫拥挤在有限的温暖区域。为争夺居住地和食物进行的激烈竞争严重限制了物种的多样性，因此物种的总数量减少。

然而，并不是所有的气候变冷都会导致冰川作用，也不是所有的灭绝都由冰川扩张而引起的海平面降低所导致的。在始于距今3,700万年前的渐新世期间，肆虐过大陆的海洋逐渐枯竭，海洋逐渐回到它在过去数百万年间的最低水平面。尽管在500万年的时间里，海洋的水平面一直在下降，但几乎没有大灭绝发生。因此，由于海岸线下降带来的拥挤的海洋空间并不是所有大灭绝的原因。而且，在许多的生物大灭绝事件中，当时的海岸线并不比今天的低很多。

在白垩纪末期，当恐龙还在地球上繁衍时，海平面就开始下降了，海洋从陆地上退去，被称为特提斯海的宽阔热带海洋带的温度开始下降。海平面的改变也许可以解释为什么特提斯生物——这个对温度最敏感的物种在这个时代末期遭受了最严重的灭绝。在温度骤降时，曾经在特提斯海温暖的海水中奇迹般的幸存下来的生物遭受了彻底的毁灭。大灭绝之后，随着海底温度继续下降，海洋物种就演化为现代物种的面貌了。

在过去的2.5亿年间，在世界范围内出现了11期大规模的溢流玄武岩的火山作用（图175和表13）。大的灾难性的火山喷发事件有规律地每2亿年发生一次，小的火山爆发事件约每3,000万年发生一次。这明显的与每2,600万～3,200万年就发生一次的生物大灭绝周期相吻合。这些都是相对短暂的事件，大多数持续的时间不超过300万年。这些火山爆发的时间和海洋物种大灭绝的发生是紧密相连的。广泛的火山作用发生在白垩纪末期，有可能是恐龙和其他大多数陆地物种以及许多海洋物种灭绝的原因。

大量的、持续时间很长的火山爆发向大气层中释放了大量的火山灰和灰尘，可能会降低全球气温。厚重的火山灰云团具有较高的反射率，它将太阳光反射回太空，从而遮蔽着地球。由于全球气温降低，全球光合作用的效率降低，从而造成了动植物的大灭绝。然而，通过在干旱时期萎蔫，然后重新

图175
受溢流玄武岩火山作用影响的区域

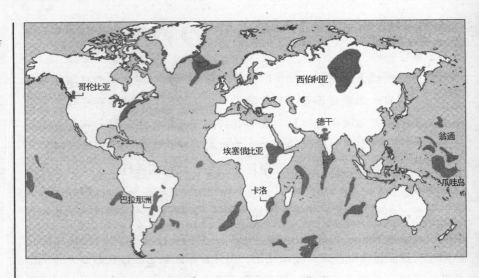

萌发的方式自身调节，并拥有长期休眠期的种子，植物物种在短期灾难中存活下来的能力要远远超过动物。

广泛的火山活动产生酸雨的强度是现在的100倍，酸雨通过使植物叶子脱落和提高海洋酸性引起陆地和海洋物种大面积的死亡。释放在大气中的酸

表13 溢流玄武岩火山作用与大灭绝

火山作用地点	时代（百万年）	灭绝事件	时代（百万年）
哥伦比亚河，美国	17	中新世中后期	14
埃塞俄比亚	35	始新世前期	36
德干，印度	65	马斯特里赫特期	65
		森诺曼	91
拉杰默哈尔，印度	110	阿普特	110
非洲西南部	135	提塘期	137
南极洲	170	巴柔期	173
南非	190	普林斯巴赫	191
北美	200	瑞提阶/诺利	211
西伯利亚	250	瓜达鲁平统	249

气可以使臭氧层耗尽，使地球暴露在来自太阳的致命的紫外线之中。火山爆发也可以通过改变大气的成分来影响气候。大的火山爆发向大气中喷出大量的灰烬和浮质，它们不仅仅阻挡了太阳光，还吸收了加热大气的太阳辐射，引起地球上热量不平衡，造成不稳定的气候条件。

来自海底火山岩序列（这些岩石在岩浆冷凝时可以记录地球磁场的极性）的地质证据说明在历史上地球磁场时常发生倒转。在经过无数年漫长而稳定的时期以后，磁场强度在几千年的时期内慢慢地消退。在某一点，它完全消失。此后不久它又重新形成，并且其中一半的时间有着相反的极性。

磁场倒转和气候变化呈现出惊人的一致性。此外，磁性倒转和生物灭绝也息息相关。磁场倒转也许是引发冰川作用的原因。地磁场的倒转和磁极的漂移看起来与气候迅速变冷和物种灭绝有关。例如，瑞典哥德堡的地磁偏离发生在13,500年以前，此时正是最后一次冰期的末期，正处于一个持续的全球气候迅速变暖的时期中。显然，地磁场的减弱导致了持续一千多年的温度骤降和冰期。

在过去的6亿年间，地球上发生了10多次影响较大的陨石撞击事件，其中有一些导致了生物大灭绝的发生。当一个大的小行星体或彗星猛烈撞击地球时，大量的沉积物在巨大的爆炸中进入大气层并遮蔽了太阳。黑暗也许会持续数月，这导致光合作用停止的同时也毁灭了海洋表面的浮游生物，这些物种灭绝的结果就是打乱了食物链，从而也造成了大量海洋和陆地物种的灭绝。流星体和彗星的猛烈撞击可以剥去大气上空的臭氧层，使所有地球表面上的物种直接受到紫外线的致命照射。这种紫外线的直接照射会杀死陆地动植物以及海洋表面的低等生物。

一个富有争议的理论认为恐龙灭绝是由一个直径在6～7英里（约9.6～11.2千米）的小行星撞击地球所引发的，这次撞击在地球上砸出一个直径约100英里（约160千米）的陨石坑。在世界各地的白垩纪和第三纪分界的地层中都包含一薄层的放射性沉降物（图176），它们是由冲击物的泥浆、冲击熔融的微球粒、大规模森林大火产生的有机碳、斯石英（目前只在陨石撞击点处发现）和超高的铱元素含量的成分组成。地质记录显示大块陨石撞击（伴随着铱异常）都与生物大灭绝有着时间上的一致性。因此，在物种的诞生到灭绝的整个地质史上，陨石撞击的影响一直在起着巨大的作用。

图176
在蒙大纳州加菲尔德郡山丘露出地面的岩石处，地质学家指出白垩纪与第三纪的界线（美国地质调查局提供，B.F.Bohor拍摄）

大灭绝的影响

　　自从生命第一次在地球上出现，物种从产生到逐渐灭亡，被称作背景灭绝或正常灭绝，一直以来都被认为是很正常的事情。生物大灭绝事件与正常的生命灭绝时期相互穿插进行，即使在很适宜的环境下，物种也有规律地诞生和灭亡。但是，大灭绝事件并不仅仅是平时背景灭绝的激烈化。在低速生物灭绝时期幸存的生命特征在大灭绝时期变得无关紧要。这表明，相对于生物的正常灭绝，环境区别对不同生物大灭绝的影响更大。因此，相对于正常灭绝的进程，不同的大灭绝可能会有不同的过程。另外，在大灭绝事件中灭亡的同类物种在正常的背景灭绝中也会灭亡——只是在大灭绝中这些物种死亡的数量更多一些。

　　在大灭绝中幸存下来的生物，具有更强的生存能力和抵御灭绝之后不稳定的环境变化的能力。它们往往占据较大的地域范围，其中包含许多相互联系的物种。但是，相对于在大灭绝中消逝的物种，存活下来的物种并不总意味着它们更高级或更适合当时的生存环境。灭绝的物种也许是因为在它们进化过程中形成了某些不适宜的特性，才使它们在背景灭绝中消亡。即使是同一类物种的不同代中这也是很可能发生的，如果下一代进化出更好的生存技能就会替代上一代。这些能够使一个物种成功地在正常时期生存的特征，一旦大灭绝事件发生就变得毫无意义。

大灭绝之后幸存下来的物种，扩张填补了空置的栖息地，并产卵抚育出全新的物种。这些新物种进化出令人惊奇的适应能力，这使得它们比其他物种更具有生存优势。这种优势可能导致外来生物在正常背景灭绝间隔期间的繁荣，但由于过于单一化，这种适应能力并不足以让生物在大灭绝中幸存下来。

地质记录似乎暗示大自然正在不断尝试新的生命形式（图177）。一旦一个物种灭绝，它就永远消失了。因为使针对其独特优势的基因组合再现几乎是不可能的。因此，进化看起来似乎向一个方向发展。虽然它使物种不断的完善，使它们生活在更加适宜自己的环境，它也绝不可能再回到过去。然而，仅因为它们有相同的基因片段，趋同进化就可能使得一种物种生理上类似于一个完全不同的物种。

物种灭绝减少了物种的数量和物种的总量。然后，生物体系似乎对灾难具有暂时的免疫性。在大灭绝中幸存下来的物种对后来的环境变化有极强的特殊适应能力。此外，经过一次大灭绝，很少存活下来的物种会灭绝。直到许多物种进化，其中包括濒临灭绝型的物种，任何大灾难的干扰都对它们没

图177
寒武纪早期的海洋动物群

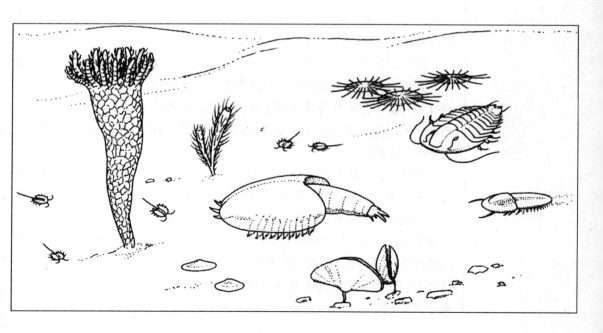

有大的影响。

在两次大灭绝之间，生物系统都需要一个恢复期。大灭绝每出现一次，进化钟就被重置一次，就像生命被迫重新开始一样。这次大灭绝结束了2.5亿年前的古生代，也使得古生代开始时存留在世界上的物种几乎全部消失。生命见证了很多非凡的进步。在大灭绝中存活下来的物种跟今天的物种很相似。这其中的许多物种在白垩纪结束时的灭绝中存活下来，这就意味着这它们具有其他物种所缺乏的完美的生存特征。

随着世界从古生代末的大灭绝中恢复，许多海洋区域充满了大量特有的生物体。物种的多样性上升到前所未有的高度。然而，并不是完全消灭旧的物种进化出新物种。就像在寒武纪物种大爆发中产生的新物种一样，在古生代末期灭绝中存活的物种，依靠简单的骨骼类型进化它们的结构或形体类型，产生少量的新生命形式。

现代的大灭绝

70%现在能看到的物种都是在地球史上生物物种差异性最大的时候出现的，这也包括人类！从地球年龄的层次上来讲（图178），特别是对那些已经存在了几亿年的生物来说，我们是一个比较新的物种，在过去的几千年里，人类已经遍布陆地的各个角落，而最近的几百年，人类的数量增长了几千倍。我们是最具适应性的生物，可以生活在各种不同的环境里，这也就轻易地战胜了那些和我们一起竞争的其他物种！

人类是地球上唯一一个迫使其他很多物种灭绝的生物，我们被称做"人类火山"，因为我们对环境的影响是全球性的，就像大型的火山喷发一样！正是这些剧变导致大量生物的灭绝。人类活动导致了地球上一些主要循环的改变，这些改变可能会引起毁灭人类及其他所有生活在地球上的生物的大灾难。

植物正在大量的灭绝，这在地球史上还是第一次。如果这种趋势继续发展下去的话，数量可观的植物很可能会真正的就此灭绝。单就美国而言，多于10%的植物都将面临无法避免的灭绝。森林的破坏、农业的发展以及城市化使植物处于被灭绝的危险之中。超过1,000种养殖的植物和动物都有绝种的危险或濒临灭绝。人类的拥挤并没有给植物和动物带来什么直接的好处，因为人口的增长还在继续挥霍着地球的空间和资源，并且还不断地污染环境！（图179）

图178
描述地球历史的地质时间螺旋

人类所到之处，哺乳动物、鸟类、爬行动物、鱼类以及其他的生命形式包括当地土著居民都以飞快的速度灭亡。在1600～1900年海上探险时期，人类淘汰了75种已知物种，其中大部分是鸟类和哺乳动物。曾经数十亿的候鸽布满北美的天空，由于过度猎杀和破坏它们的栖息地，到1914年候鸽完全灭绝。我们继续毁灭着我们所居住的陆地和岛屿上的生物，猎杀的规模远远大于我们的祖先，只因为我们人类已经充满了整个世界。

湿地是世界上动植物群落最丰富的地方之一，能够承载大量和多样的物种生存。美国的许多湿地，如佛罗里达州的大沼泽地，由于人类活动已经被迅速改造。围堤和填补湿地侵占了鱼类和水禽的栖息地。引进的外来物种已经改变了水生生物的组成。流动淡水的减少已经改变了湿地动植物群落的动态平衡。此外，城市垃圾和工业废料污染了沉积物和生物体。不断倾倒有毒废物和进一步减少的淡水流入大大改变了湿地的水质和生物群落。

图179
阿拉斯加州威廉王子
湾海滩上，埃克森美
孚公司的工人正在用
高压冷水冲洗原油
（美国地质调查局提
供，J.Bauermeister拍
摄）

世界湿地被排干以获得更多的农田。在美国，为了农业生产的目的已经损失了近九成的湿地。林业湿地正在以每天超过一千英亩（1英亩≈40.5公亩）的惊人速度消失（图180）。由于全球气温升高，海平面持续上升，到本世纪中叶可能将失去80%的海滩和河口。

满足日益增长的人口的迫切需要是发展中国家排干湿地的主要原因。短期的粮食生产掩盖了维护湿地的长期经济和生态利益。消失的湿地给当地的渔业以及海洋物种和野生动物的觅食带来了损害和困难。通常，湿地的破坏是不可恢复的。

由于森林采伐，使湖泊和小溪酸化的沉积物和酸雨增多，所以鱼类物种正在迅速灭绝。海洋也同样未能幸免。大型渔业一度不能满足日益增长的人口需求。即使作为已经非常成功的掠食者而生存了4亿年的鲨鱼，也在人类过度捕捞中难逃劫难。

对于环境而言，酸雨是一个日益严峻的威胁。它对水生动植物的威胁特别严重，因为大部分的物种都无法忍受高酸度的环境。在海水中，破坏来自于酸雨中的二氧化氮。氮是促使海藻生长的营养品（图181），而海藻阻碍了阳光，阻止了水面下的光合作用。当藻类死去和分解的时候，细菌会消耗溶解于水中的氧气，从而导致其他的水生动植物窒息死亡。

海洋也被浓度不断增长的硝酸盐和含有砷、镉、硒的有毒金属污染了。

促使这些物质浓度不断增长的主要因素是化学肥料、除草剂和杀虫剂的滥用，同时还有使重金属溶进土壤的酸雨。此外，由于土壤侵蚀而造成河流的沉积物不断增多，河流两岸能够为河流和地下水蓄水的森林遭到砍伐，河渔业已经被严重破坏。

在许多地区，如百慕大群岛、维尔京群岛和夏威夷，城市发展和污水排放已经导致海藻生长非常过量，耗氧细菌的滋长而使珊瑚虫窒息并最终死亡。当浅珊瑚礁上海藻覆盖非常广时，珊瑚虫在冬天时处境尤其危险。这会导致珊瑚虫丧失活力，并通过腐蚀珊瑚礁使它们最终死亡。

海洋温度升高导致许多珊瑚礁变白，由于与珊瑚虫共生的海藻从珊瑚虫组织中分离，使珊瑚虫最终呈现死白色。海藻给珊瑚虫提供营养，它们的死亡对珊瑚礁产生很大的威胁。有孔虫类是海洋浮游生物、全球碳循环和食物

图180
达科他州南部沃尔沃思郡天鹅湖——一个水禽的避难所，由于干旱1974年干枯了。剧烈的风侵蚀着2,300英亩（约93,150公亩）干涸的河床，大约占到了整个湖泊的一半（美国农业部土壤保护部提供，P.Kuck拍摄）

图181
犹他州迪谢斯娜郡印度峡谷一个池塘中的大量蓝−绿海藻（美国地质调查局提供，W.H.Bradley拍摄）

链中的重要扮演者，正在遭受同样的死亡威胁。

热带珊瑚礁（图182）也是生物中的高生产力中心。它们的生长为鱼类提供了食物，从而为热带地区的人们提供了大量的食物。不幸的是，世界上许多地区沿着珊瑚礁海岸开发的旅游胜地严重损害了这些珊瑚礁的生产能力。这样的破坏常常与污水倾倒的增多、过度捕鱼和由建筑、挖掘、倾倒垃圾及陆地填充导致的珊瑚礁的形貌破损有关。为了向旅游者提供古董或纪念品，珊瑚礁也遭到了人类直接的破坏。另外，随着高海拔地区森林的砍伐不断加剧，大量被侵蚀的土壤组成的沉积物被河流搬运到大海，最终造成珊瑚礁的死亡。

鸟类受到了同样的威胁。在最近的几个世纪里，由于过度狩猎、强悍的竞争物种的入侵和栖息地的破坏，人类使大量的鸟类物种灭绝。距今约1,600年前，由于玻利尼西亚人的过度狩猎和对当地森林的破坏，一半的夏威夷鸟类种群消失了。在近代，鸟类种群进一步减少了15%。这种情况是典型的由于人类在特别脆弱的海岛环境中定居而造成的物种灭绝。

约2,000种鸟类物种已经成为史前灭绝的牺牲品，这占几千年前的所有鸟类物种的1/5。今天，大约有20%的鸟类物种处于危险之中或濒临灭绝。大型的不能飞的鸟，比如渡渡鸟和大海雀，由于人类的活动而处于危险之中，最终难逃被灭绝的境地。海岛上的鸟类经常是不能够飞行的，因为它们不再需要飞向空中来躲避掠食者。栖息在海岛上的物种对人类而言特别的脆弱，因为它们已经没有任何地方可以逃避了。生活在海岛上的动物们，通常都进化出与它们在大陆上的近亲不同的特点，这使得它们在面对人类活动时候变得更加的危险。

遍及世界的热带雨林也正在以令人担忧的速度逐渐消失。自1960年以来，西半球的热带雨林减少了1/3，非洲的雨林面积减少了75%。这些地区通常是鸟类从北半球迁徙来过冬的地方。雨林的消失，不仅意味着生活在热

图182
礁湖岛、塞班岛和马里亚纳群岛展现出从近景处的堡礁到远景处靠近海岸而与海平行的珊瑚礁的变化（美国地质调查局提供，P.E.Cloud拍摄）

带雨林里面的无数的鸟类的锐减，也意味着生活在北方国家的鸟类数量的减少。鸟类已经开始以令人震惊的速度消失了。与超高频噪声被用来侦测矿井里面的有毒气体一样，鸟类的死亡也可以给我们敲响一个警钟——那就是我们的星球正处在危险之中！

不仅仅鸟类物种有麻烦。由于人类的贪婪，象牙贸易已经侵占它们生活的领地，非洲大象和黑犀牛及其他大型哺乳动物也处在灭绝的危险之中。这些大型的草食动物实际上通过破坏森林而为底层矮树改善着环境，这可以增加产出并且促进营养物质的循环。不幸的是，随着这些动物的消失，它们对环境最有利的影响也将会被颠覆，小型食草动物栖息地被严重限制，最终它们也只能重蹈大型食草动物灭绝的覆辙。

大灭绝后的世界

过去的灭绝是由自然现象引起的，包括气候和环境条件的改变。然而，今天的灭绝则是由人类的破坏性活动所引起的。在世界各地，物种灭绝的速度比人类出现前大自然背景灭绝的速度高数千倍。我们正在爆炸性地成长，正在大面积地毁灭自然环境，同时动物和植物物种则悲惨性的大量消失。随着人类人口继续失控的增长，继续改变着自然环境，生物多样性将不断降低，相对于6,500万年前导致恐龙和3/4物种消失的那场大灭绝而言，人类也完全具有这样的破坏水平和潜能。

现今存活的物种数量在500～3,000万。然而，仅有140万的物种被正式分类了。因此，90%多的物种还没有被描述，因而它们对于科学而言还是未知的。生物学家们正在竭尽全力，在物种灭绝之前尽可能多地对它们进行归类。大多数物种在走过它们一生的过程中根本无人注意到。它们中的许多都在食物链中扮演着重要的角色，为更高级的生物体制造着重要的可利用营养物。包括细菌、真菌、浮游生物在内的简单生物为其他物种的生存提供了可能，构成了地球生物总量的80%之多，构成所有生存问题的重中之重。而且，海洋浮游生物（图183）制造了这个星球上大部分可供呼吸的氧气。这些都是保持生态平衡的生物，如果它们灭绝，人类也就灭绝了。

物种之间的相互关系，及它们和环境之间的相互关系是很复杂和难于理解的。然而，变得越来越明显的是，世界物种大量毁灭将不仅仅降低物种的

图183
浮游植物，如球石菌，帮助维持地球上的生存条件

多样性，还会让有害的生物因为它们的天敌被消灭而大量繁殖。因此，摧毁大量的物种将为我们留下一个与我们所接手时完全不同的世界。确实，科学家们担心人类是否能够继续生存在这样的一个世界中，因为像一些重要食物链的生物供给系统将会遭受到严重的损害。

现今生物的灭亡速度是人类出现之前的数千倍还要多。现在，每年几千个物种的灭绝是由人类活动引起的被动灭绝。如果人口继续螺旋状的增长，环境的毁坏将继续失控，很可能到这个世纪中期，生活在今天的物种半数都会灭绝。

很多濒临灭绝的物种已经只能在受保护的环境中才能被找到。这些仅代表所有濒临灭绝物种的一小部分。一旦一个物种的种群数量下降到低于某一个临界值时，由于基因库锐减带来灭绝的可能性就会增加。近亲繁殖使得物种容易出现遗传缺陷并大规模地降低种群数量。此外，一旦一个物种失去了它自己的基因多样性，它也将注定要灭绝，因为物种不能够再适应环境的改变了。

在过去，气候的变化足够慢，给生物界足够的时间来调整适应。然而，今天的气候变化实在是太突然了，也许气候变化迅速得足以引起动植物的灭绝。植物将会在全球变暖中遭到最严厉的冲击，因为它们直接受到温度和降水变化的影响。森林，特别是原始的禁猎区，也许可以从它们正常的气候状况中隔离出来，正常的气候状况正在向高纬度的方向移动。人类空前规模的干预也许可以保护动植物免受气候变化所带来的威胁，特别是在气候急速变化的情况下。

伴随着的气候变暖和降雨增多，全球气候变化所带来的影响将会持续数个世纪。在这段时间里，森林将会向两极发展，同时其他的野生动植物的栖息地，包括北极冻土地带也都将会消失。许多物种都将无法与气候快速变化的步伐相一致。它们可能会迁徙，但是它们会发现逃亡的道路已经被自然的或者人为的栅栏所阻碍，比如城市和农田。气候变暖将会重新划分整个生物界，并且引起许多物种走向灭绝，同时其他物种将会在陆地上泛滥成灾，成为有害物。

二氧化碳含量的增高，如同肥料的作用一样，滋养着生长中的野草。温暖的气候将会成为滋养包括细菌和病毒在内的寄生虫和病原菌的温床，并且会引起热带疾病流入温和地带。最终的结果将会使世界范围内的生物多样性逐渐缩小。如果物种的数量由于人类对它们栖息地的影响而继续减少，人类可能也同样会受到灭绝的威胁。

作为全球大灭绝的前奏，在地球上存在了超过3亿年的两栖动物正在以令人震惊的速度快速灭绝。比如青蛙这样的两栖动物，已经进化出了畸形，包括成倍增多或者缺少腿，这可能是由于化肥和农药等污染物的排放所引起的。因为和所有两栖动物一样，青蛙的皮肤具有渗透性，可以从环境中吸收有毒物质，使得自己对于环境的变化极为敏感。从20世纪60年代开始，由于森林的砍伐，酸雨污染或者臭氧损耗，青蛙这类物种已经开始由庞大的数量走向灭绝。而且，两栖动物正在从人类活动稀少的自然保护区中消失。这些事件也许正在发出一个早期的预警：地球正处在极度危险之中。

由于过度狩猎，入侵物种与本土物种进行掠夺或者直接竞争，森林砍伐所带来的栖息地的破坏，伴随着其他人类行为的破坏和食物链的崩溃等因素，物种正在走向灭绝（图184）。每一个物种都依靠其他物种而生存。当太多的物种在生态系统中走向灭绝的时候，幸存的物种也将遵循多米诺效应而处在灭绝的危机之中。如果由于人类的破坏行为而使得整个灭绝过程继续不断地全球化，它将会引起生物系统崩溃，并且导致我们星球史上最严重的一次灭绝事件。

如果这种趋势继续，截至本世纪中叶的时候，灭绝的物种数量会超过在

图184
回归线上的森林砍伐
（国家气象调查中心
提供）

过去所有的生物大灭绝中所损失的物种总量。人类正在用自己的特别行为摧毁着脆弱的生态平衡。即使生态平衡非常轻微的倾斜，也可以导致巨大的灾难性变化。大规模的灭绝通常都会持续数千年甚至数百万年。但是，由于人类的破坏，大量物种将会在短短的一个世纪中消失。人类也不得不去面对物种大量灭绝所带来的灾难性后果。然而，一旦一波大灭绝浪潮在瞬间袭来，它将会严重破坏人类的生活质量，甚至彻底毁灭整个人类。（结束）

结语

火山学曾经只是被称作火山灰的科学。一个喷发的火山是地球巨大热量和无穷动力的展示，这个动力驱动着地球板块在地球表面运动。火山无疑是岩浆在地球内部向上运输的通道，但是火山喷发之前的征兆并不明显。尽管火山可能在地球上任何地方喷发，但是它们大多数都集中在板块的边界处，这儿是地球上地质活动最活跃的区域。这些地区也是地震频发的地方。随着火山的颤动，一些活跃的地区也跟着颤抖起来。鉴于地球永不停息的天性，火山的危险性也会增加，特别是在那些火山作用较强且人口比较密集的地方。

给人们带来巨大灾难的地质灾害，像地震和火山喷发等，仅仅是地壳的轻微调整。地壳在地球上的角色就像鸡蛋壳在鸡蛋中的角色一样，地震和火山活动是由这些蛋壳一样的巨大板块的移动所产生的力而引发的。这个脆性的"皮肤"被地球内部热流驱使着慢慢移动。大多数地震都使地壳产生破裂和脆性滑移，就像瓷器被一系列的脆性裂缝破坏了一样。应力在地下不断聚集，直到在较浅的地壳深度上发生破裂，破裂沿断层上升到地面从而产生巨大的震动。如果这发生在人口聚集的中心，大灾难就不可避免了。

地震和火山不仅会给当地造成巨大灾害，还会对周边地区产生威胁。海岸或者海底的地震可以引发巨大的海啸横扫大洋。地震还会使地面边坡疏松产生山体滑坡，一样可以引发像地震一样的大灾害。火山喷发出的大量的气体物质飘浮于大气中，也会影响全球气候的变化。火山引发的泥石流和洪水会毁坏大片的地区。火山灰和炙热的气体可以烧掉一切，使动物窒息而死。火山也被认为是产生冰期从而引发物种大灭绝的原因。考虑到这些大的地质灾害，地球也不像是一个安全的居住场所。

专业术语

aa lava 块熔岩：一种形成巨大的、参差不齐的不规则岩体的熔岩

abrasion 磨蚀：因摩擦产生的剥蚀，常常由流水、冰山和风携带的岩石颗粒
产生

agglomerate 集块岩：由凝固的火山碎块形成的火山碎屑岩

albedo 反照率：一个物体反射太阳光的数量，依赖于其颜色和结构

alluvium 冲积物：水流沉积物

alpine glacier 阿尔卑斯冰川：一种山脉冰川或一种在山谷发育的冰川

andesite 安山岩：一种中性火山岩，介于玄武岩和流纹岩之间

anticline 背斜：一种褶皱，两翼高中心低

apollo asteroids 阿波罗小行星系：火星和土星中间的小行星系，穿过地球
轨道

aquifer 含水层：地下水可以流通的地下沉积层

arête 刃岭：形成于相邻盆地谷的尖峰

ash fall 火山灰沉降：来自火山喷发的小的固体颗粒的下沉

asperite 破裂点：断层开始上冲或者走滑的关键点，引发地震

astesoid 小行星：石质的或金属的宇宙星体，撞击地球形成陨石坑

asteroid belt 小行星带：介于火星和木星之间的围绕太阳公转的一群小行星

asthenosphere 软流圈：地下介于60～100千米的上地幔圈层，比上面和下面的岩石更加塑性，可能处于对流之中

astrobleme 陨石凹陷：被大的宇宙物体撞击而在地球上留下的古老的撞击构造，经风化的残留体

avalanche 雪崩：由地震或风暴的振动而引发的雪堤上的崩塌

back-arc basin 弧后盆地：由俯冲带上面的弧后扩张而产生的火山海底－伸展系统

barrier island 障壁岛：一个低的、被拉长的海岸岛弧。平行于海岸线，阻止风暴破坏沙滩

basalt 玄武岩：一种黑的火山岩，在熔融状态下多含水

basement rock 基底岩石：地下的火成岩、变质岩、花岗岩或高变形的岩石，位于年轻的沉积物之下

batholith 岩基：最大的侵入火成岩体，面积大于40平方千米

bedrock 基岩：处于年轻岩石之下的固体岩层

black smoker 黑烟囱：从大洋中脊向上喷发到表面的超热的热液；溶液富集金属矿物，当离开海底后，迅速冷却，金属矿物沉淀，产生黑的、像烟囱一样的排水管道

blowout 风蚀坑：由风侵蚀产生的凹洞

blue hole 蓝洞：海中的落水洞

bolide 火流星：一种爆炸的流星，当穿越地球大气层时常常伴随这一个耀眼的光芒和响声

bomb, volcanic 火山弹：从火山中喷发出来的固体凝结物

calcite 方解石：一种由钙质碳酸盐岩组成的矿物

caldera 破火山口：一种在火山口顶部大的、凹坑一样的凹陷，形成于大的火山喷发活动和崩塌

calving 裂冰（作用）：由冰川崩塌进入大海而产生的冰山构造

carbonaceous 碳质：一种含碳物质，作为沉积岩叫做石灰岩和特定类型的陨石

carbonate 碳酸岩：一种含钙质碳酸盐岩的矿物，如石灰岩

carbon cycle 碳循环：碳的全球流动，从大气中进入海洋，保存到碳酸盐岩中，然后又通过火山作用回到大气中

catchment area **集水面积**：地下含水层的控水面积

cenozoic **新生代**：较年轻的一个地质时代，至少包括6，500万年

chondrite **球粒陨石**：最普通的陨石类型，大部分由小的球状颗粒组成的石质陨石

chondrule **陨石球粒**：发现于石质陨石中的圆的橄榄石和辉石颗粒叫做陨石球粒

circum—pacific **环太平洋带**：围绕太平洋边缘的地震活动带，与太平洋火环相一致

cirque(serk) **冰斗**：一种冰川溶蚀结构，在冰川山谷中产生的一个形状类似古罗马的圆形剧场的头状物

col(call) **山口**：由两个相对的盆地谷形成的鞍形山口

coma **彗发**：当彗星进入内太阳系时环绕在其周围的大气层；气体和灰尘颗粒被太阳风吹得拖在彗星的后面形成彗星的尾巴

comet **彗星**：被认为是来自环绕太阳的彗星云的一种宇宙星体，当飞入内太阳系中形成一个由气体和灰尘颗粒组成的长长的尾巴

conduit **火山颈**：岩浆从地下岩浆房中喷出地表的通道，火山物质从其中通过

cone,volcanic **火山锥**：一个火山学的普通术语，即一个锥形的火山

continent **大陆**：漂浮于重的上地幔之上的由浅的花岗质岩石组成的陆地

continental glacier **大陆冰川**：覆盖于大陆部分之上的冰盖

continental drift **大陆漂移学说**：在地质历史中，大陆在地球表面漂移的学说

continental margin **大陆边缘**：介于海岸线与深海之间的区域，代表真正的大陆世界

continental shelf **大陆架**：在浅海处大陆向海延伸的部分

continental shield **地盾**：古老的大陆地壳，陆壳在其上面增长

continental slope **大陆坡**：从大陆架向深海盆地的过渡地带

convection **对流**：由于下面受热而产生的一个循环的垂向的流体的流动。就像物质受热，它们就变轻而上升，在上部冷却，又变重而下沉

convergert plate margin **汇聚型板块边缘**：地壳板块汇聚处的边界；一般对应于古老地壳在俯冲带消减处的深海沟

coral **珊瑚**：一类在浅水的海岸边缘底栖生长的无脊椎动物，在热带海水中形成暗礁

cordillera **科迪勒拉山脉**：包括北美的落基山脉、卡斯卡底山脉和内华达山

脉以及南美的安第斯山脉在内的一系列山脉

core 地核：地球的中心部分，由重的铁镍合金组成

correlateon 相互关系：在化石的帮助下在不同位置可以追踪的相同类型的岩石

crater,mateoritic 陨石坑：因陨石撞击在地壳上留下的凹陷

crater,volcanic 火山口：形成于火山喷发在火山顶部的圆锥形凹陷

craton 克拉通：大陆上的稳定地块，常常由古老的岩石组成

creep 蠕变：地球物质的慢慢流动

crevasse 裂隙：在地壳上或冰川上的深的大的裂缝

crust 外壳：行星的外层或月岩

crustal plate 地壳板块：板块由于构造活动性而相互作用形成的岩石圈碎片

delta 三角洲：沉积在河口的三角形的楔状沉积层

desertification 沙漠化：陆地变干旱变成沙漠的过程

desiccated basin 刺穿褶皱：由浮力上升的熔融岩浆侵入重的岩石

diaper 岩墙：切穿古老岩层的薄平的侵入体，似墙状

devergent margin 离散型板块边缘：地壳板块分离处的边界；一般对应于洋中脊，在这里岩浆从下面上升固化形成新的地壳

dolomite 白云石：一种由石灰岩中的钙被镁替代而形成的沉积岩

drumlin 鼓丘：面向冰川运动方向的冰川残片所形成的小山

dune 沙丘：风吹沉积物形成的小沙脊，常常可以移动

earth flow 泥流：在斜坡上土和岩石的向下运动

earthquake 地震：由于地球内力沿活动断层处岩石的突然错断

East pacific rise 东太平洋洋隆：沿太平洋东部南北向的洋中脊张裂中心，有热泉和黑烟囱出现

elastic rebound theory 弹性回跳原理：地震发生时岩石弹性活动的原理

eolian 风成沉积：风吹动沉积物形成的沉积

epicenter 震中：地下震源在地面上直接对应的点

erosion 侵蚀：自然营力（如风，水）把地球表面物质带走的现象

erratic boulder 漂砾：由冰川挟带远距离搬运的大块岩石

escarpment 悬崖峭壁：由地块上升而产生的陡峭山脊

esker 蛇丘：由冰川物质沉积形成的弯曲山脊

evaporate 蒸发岩：在封闭海内海水被蒸发而沉积的由盐分、硬石膏和石膏组成的沉积岩

exfoliation 页状剥落：岩石的风化，引起外层的剥落

extrusive 喷出岩：在行星或月亮上喷出地表的火山岩

facies 相：在特定环境下沉积的岩石组合单位

fault 断层：由于地球运动而产生的地壳岩石破裂

fissure 裂缝：地壳的巨大破裂，岩浆有可能从中喷发而出形成火山

fjord 峡湾：山脉中或冰川峡谷中狭长的陡峭的水湾

floodplain 泛滥平原：紧邻河流的陆地，在洪水期被洪水淹没

fluvial 河流沉积：由河流载荷而形成的沉积

flcus 震源：地震的原始发生点

formation 岩石建造：在一定距离上可以追踪的同一岩石组合单位

fossil 化石：在岩石中保留的植物或动物的遗体或遗迹

frost heaving 冻举作用：由于水结冰膨胀而使岩石被拔升到地表的作用

frost polygons 冰冻多边形：由于重复的冰冻作用而使岩石破裂成多边形状态

fumarole 喷气孔：从地下可以向地表喷射水流或者热气的气孔，如间歇泉

geomorphology 地貌学：研究地表形态的学科

geothermal 地热：在地球内部由热的岩石产生的热水或者热气流

geyser 间歇泉：间歇喷发热气或热流的泉

glacier 冰川：一种厚重的可以移动的冰，发生在冬季降雪量超过夏季熔融量的地区

glacire burst 冰川爆裂：冰川下面火山喷发而形成的洪流

glaciere 地下冰川：一种地下冰建造

Gondwana 冈瓦纳古陆：古生代时期处于南面的超级大陆，由非洲、南美洲、印度、澳大利亚和南极洲组成，后来在中生代的时候分开形成现在的各个陆块

graben 地堑：断层块下降形成的山谷

granite 花岗岩：一种粗粒的富硅的岩石，主要由石英和长石组成，大陆的主要组成部分，被认为是来自上地壳的部分熔融

gravity fault 正断层：沿一个断层面运动的断层，就像在重力作用下岩层下滑

groundwater 地下水：来自大气中的水经岩体过滤并在地下循环的水

guyot 盖奥特（平顶山）：水下火山喷发露出海平面，其顶部被剥蚀成平顶，然后火山沉入水下

haboob 沙尘暴：严重的挟带尘土或沙子的风暴

hanging valley 悬谷：在主冰川谷上部的冰川谷，常形成瀑布

hiatus 缺失：在地质历史中，沉积岩由于被剥蚀或无沉积形成的某些岩层的间断或缺失

horn 角峰：由于冰川侵蚀形成的山峰

horst 地垒：地壳中被拉长的、上升的地块，两端的断层为界线

hot spot 玻璃碎屑：冰川下喷发的玄武质熔岩

hyaloclastic 碳氢化合物：由碳链和氢原子组成的分子

hydrologic cyele 水循环：水从海洋到大陆再到海洋的循环

hydrology 水文学：研究整个地球水流的学科

hydrothermal 热液作用：与热流在地壳中的运动有关，也指矿床被热的地下水所替代

hypocenter 震源：地震的原始发生点

lapetus sea 伊阿珀托斯海：一个在泛大陆之前的大洋，占据现在大西洋的位置

ice age 冰期：地球上大规模的陆地都被大块的冰川所覆盖的地质时期

icberg 冰山：从冰川分离出的一个庞大的漂浮冰体

ice cap 冰盖：两极上面的冰雪覆盖

igneous rocks 火成岩：由熔融状态固结而成的岩石的统称

ignimbrite 熔结凝灰岩：火山喷发后凝灰碎屑物质聚集后形成的一种坚硬的火成岩

impact 撞击：宇宙物体在地球表面的着陆点，常造成一个撞击坑

interglacial 间冰期：冰期与冰期之间的一个相对温暖的时代

intertidal zong 潮间带：处于低潮带和高潮带之间的海岸区域

intrusive 侵入体：在地表以下凝固的火成岩体

iridium 铱：铂族的一种稀土元素，在陨石中相对富集

island arc 岛弧：俯冲带向陆一侧的火山系，平行于海沟，处于俯冲板片熔融带的上部

isostasy 均衡现象：一个地质的原理，地壳中轻的物质在浮力作用下上升，重的物质下沉

isotope 同位素：两个或更多具有相同原子序数却具有不同的质量数的原子中的一个

jointing 节理：岩石建造中平行裂隙的产物

kame 冰碛阜：冰川冰融化过程中沉积下来的低矮的沙石堆

karst 喀斯特：由于被酸性水溶蚀而产生裂隙、落水洞、潜流和洞穴的不规则的石灰岩地区

kettle 锅状陷落：冰碛物中留下的陷落，由孤立冰川的雪块融化而成

kimberlite 金伯利岩：一种主要由橄榄岩组成的火山岩，刚开始形成于地幔深部，后期携带金刚石上升到地表

kirkwood gaps 柯克伍德环缝：由于木星的万有引力吸引，小行星带中存在一些几乎没有行星的环带

lahar 火山泥流：火山侧翼的火山物质造成的滑坡或泥石流

lamellae 晶面纹：由高压突然释放而引起的晶体表面的条痕，如陨石撞击

landslide 山崩：由地震和恶劣的天气引发的地球物质沿山体快速地下滑

lapilli 火山砾：小的固态火山碎屑碎块

lateral moraine 冰川侧碛：沿冰川边部沉积的物质

laursia 劳亚古陆：古生代时期北部的超大陆，它分裂为北美洲、欧洲和亚洲

laurentia 劳伦古陆：古老的北美大陆

lava 熔岩：流出地表的熔融的岩浆

limestone 石灰岩：一种主要成分为碳酸钙的沉积岩，碳酸钙来自海岸无脊椎动物的壳质

liquefaction 液化：地震中沉积物丢失支撑而液化

lithosphere 岩石圈：地幔的岩石外表，包含陆壳和洋壳；岩石圈通过对流在地幔和地球表面循环

lithospheric plate 岩石圈板块：板块由于构造活动性而相互作用形成的岩石圈碎片

loess 黄土：风成的厚土沉积

magma 岩浆：地球外壳内部的熔融岩石物质，冷却后形成火成岩

magnetic field reversal 磁场倒转：磁场的南北极相互倒转

magnetometer 磁力计：测量磁场的强度和方向的工具

magnitude scale 震级标度：标定地震能量的量度

mantle 地幔：位于地壳和地核之间的部分，由可能处于对流中的重的岩石组成

mass wasting 中生代：顾名思义是中等生物所处的时代，指50～250Ma以前

Mesozoic 变质作用：在岩石基本保持固态的情况下，在特定温度压力条件下火成岩、变质岩或沉积岩的重结晶

metamorphism 流星：小宇宙体进入地球大气层摩擦在天空中出现的闪光痕迹

277

或光带

meteorite 陨星：从外层空间坠落到地球表面的大块石头或金属物质

meteoritics 陨石学：研究陨石及其相关现象的科学

meteoroid 流星雨：在地球大气层中同时出现的大量流星的现象，它们好像来自天空中的同一地区

metor shower 微震：小的地球震动

micromeleorites 微陨星：微小的陨星颗粒

micrometeorites 微玻陨石：在大的陨石撞击过程中地表岩石熔融产生的小的球形的颗粒

Mid-Atlantic Ridge 大西洋中脊：海底的扩张中心，代表扩散边界，南北美洲板块向西运动，欧亚板块和非洲板块向东运动

midocean ridge 大洋中脊：沿离散型板块边界延伸的水下洋脊，地幔物质上涌，在这儿形成新的洋壳

moraine 冰碛：由冰川携带并最后沉积下来的石砾、石块及其他碎石的堆积

moulin 冰川锅穴：冰川中近于直立的井穴或洞，系由冰面和岩石碎屑从冰缝中坍落而成

mountain roots 山根：山脉下面对应的深的地壳部分

mudflow 泥石流：荷载大量沉积物的水流

nonconformity 不整合面：一种不整合的面，沉积物沉积在结晶基地之上

normal fault 正断层：在重力作用下一个岩体沿一个陡峭的倾斜面在另一个岩体上下滑的断层

nuée ardente 炽热火山云：一种含炽热的灰尘和气体的火山碎屑喷发

oort cloud 奥尔特云：围绕太阳约一光年距离的彗星群

ophiolite 蛇绿岩：板块碰撞过程中被推覆到大陆之上的洋壳块体

orogen 造山带：被剥蚀了山根的古老山系（因大陆板块碰撞挤压而隆起的山脉。译者注）

orogeny 造山作用：由构造活动而产生的造山过程

outgassing 去气作用：从行星或陨石内部向外释放出气态物质

overthrust 逆掩断层：一个岩体经长距离推覆逆掩在另一个岩体之上形成的断层

pahoehoe lava 绳状熔岩：在冷却时形成绳状构造的熔岩

paleomagnetism 古地磁：研究地球磁场（包括地球过去磁场的磁极及其位

置）的学科

paleontology 古生物学：对出现在史前或地质时代的生命的形成的研究，主要根据岩石中植物、动物和其他有机体的化石

paleozoic 古生代：地质时代的一个时期，处于570～250Ma之前

pangaea 泛大陆：古老的包含地球上所有陆地的超级大陆

panthalassa 泛大洋：围绕泛大陆的古老的大洋

peridotite 橄榄岩：地幔中普遍存在的一种岩石类型

periglacial 冰缘现象：关于活动在冰川周缘的地质过程

permafrost 永冻土：北极地区永久冰冻的土壤

permeability 渗透率：流体在岩石中通过裂隙、空洞及其连接处的能力

pillow lava 枕状熔岩：岩浆在海底喷发形成的具有枕状结构的熔岩

placer 砂矿：一种沙砾或碎石的冰河沉积物或冲积沉积物，通过水流作用富集金属矿床

planetoid 小行星：一种小的（不大于月亮）围绕太阳旋转的小行星体；它们的组合可以形成处于火星和木星之间的小行星带

plate tectonics 板块构造理论：根据岩石圈板块的相互作用来研究地球表面大的地质特征的理论

playa 干荒盆地：无法排水的沙漠盆地底部的近似平坦的地区

pluton 侵入体：岩浆侵入较老的岩石中，经冷却形成的地下火成岩

pumice 浮石：一种火山喷出物，充满气孔，质量极轻

pyroclastic 火山碎屑岩：火山喷发喷射出的碎屑物

radiometric dating 放射性定年：利用化学方法分析其稳定与不稳定的放射性元素来确定研究对象的年龄

recessional moraing 后退碛：处于后退状态下冰川的冰碛沉积

reef 暗礁：生活在洋岛或大陆边缘的生物群体，它们的壳和遗体形成石灰岩沉积

regression 海退：海平面下降，大陆架暴露出来而受到剥蚀

resurgent caldera 火山复苏：一个大的死火山重新活动

rhyolite 流纹岩：一种熔融状态下高黏度的火山岩，常常以火山碎屑的形式喷发

rift valley 裂谷：大陆或大洋板块分裂的扩张中心

rille 沟纹：坍塌的熔岩通道形成的沟

riverine 河流的：与河流相关的

roche moutonnée 羊背石：崎岖的冰河床表面

saltation 跳跃：沙粒在风或水的带动下的运动

salt dome 盐丘：盐分上拱使表层沉积物上升呈拱形，常作为油藏的圈闭

sand boil 沙涌：地震液化过程中产生的含大量沙质沉积物的泥浆的喷涌

scarp 悬崖：地球运动形成的陡坡

seafloor spreading 海底扩张：地幔岩浆在洋中脊处上涌，不断把岩石圈板块
　　向两边推开，新的洋壳在这里形成

seamount 海山：水下火山

seiche 湖震：因地震或大气振荡而引起的湖泊或内陆海面的波动

seismic 地震的：关于地震的或其他严重的地下震动的事物

seismic sea wave 海啸：由海下地震或火山引发的巨大的海浪灾害

seismometer 地震检波器：检测地震波的仪器

shield 地盾：裸露出前寒武纪陆核的区域

shield volcano 盾状火山：由低黏度的熔岩流形成的宽阔的低矮的火山锥

sinkhole 灰岩坑：由地下石灰岩溶解成溶洞而使顶部物质坍塌形成的大的凹陷

solifluction 冻土泥流作用：地球冻土物质的破坏

spherulis 球粒陨石：在特定陨石中发现的小的球形的玻璃质颗粒，常出现在
　　月壤和地球上大的陨石撞击坑处

stishovite 超石英：一种致密的四方形石英矿物，常在极端高压下生成，常
　　与陨石撞击有关

stratovolcano 成层火山：由分层的岩浆和火山灰构成的中性火山

strewn fiele 熔融石场：由大的陨石撞击形成的大的区域，常有玻陨石产出

striae 冰川滑痕：冰川移动过程中夹在其中的岩石在岩床上的滑痕

subduction zone 俯冲带：海洋板块向大陆板块下俯冲并进入地幔的区域，海
　　沟是俯冲带的外部表现

subsidence 沉降：流体运移过程中沉积物的下沉压实

surge glacier 冰川涌流：大陆冰川高速向海洋中推进

syncline 向斜：岩石层从两侧向中轴倾斜的岩石中的褶皱

talus cone 岩屑堆：悬崖底部陡峭的岩石碎屑堆积

tarn 山上小湖：盆地谷中的一种小湖泊

tectonics 大地构造：地球上大的特征（岩石建造和板块）及其驱动力和运动

的历史

tedtites 玻陨石：由陨石与地球表面撞击形成的小的玻璃状矿物

tephra 火山碎屑：火山爆发时喷发的从灰尘颗粒到大的团块的碎屑物质

terrane 岩体：陆地上独特的地壳岩石

Tethys sea 特提斯海：假设的中纬度大洋，将劳亚古陆和冈瓦纳古陆分开

till 冰碛物：冰川沉积的沉积物

tillite 冰碛岩：由冰碛物组成的沉积岩

transform fault 转换断层：地壳后期运动形成的断裂，垂直于大洋中脊的断裂

transgression 海进：海平面上升，大陆边缘上移

trapps 暗色岩：类似楼梯的一系列大块熔岩流

trench 海沟：板块俯冲在洋底形成的洼地

tsunami 海啸：由海下或近海岸的地震或火山引发的巨大的海浪灾害

tuff 凝灰岩：由火山碎屑物组成的岩石

tundra 冻土地带：高纬度和高海拔处永久的冻土地带

varves 纹泥：冰川融水沉积在湖底形成的薄层沉积物

ventifact 风棱石：已被风吹起的沙子磨成各种形状、磨光并磨成面的石头

verga 雨幡：雨水在到达地面之前被蒸发殆尽的天气现象

volcanec ash 火山灰：火山爆发时喷发到空气中的细粒的固体碎屑物质

volcanic bomb 火山弹：从火山中喷发出来的固体凝结物

volcano 火山：地壳的开口，岩浆从中喷出形成一座山

wadi or wash 旱谷（干河床）：沙漠中的干旱河床，在大的降雨时才有水流

译后记

    很荣幸能够有机会翻译乔恩·埃里克森（Jon Erickson）的科普著作《地球的灾难——地震、火山及其他地质灾害》。乔恩·埃里克森是美国著名的地质学者和作家，知识渊博，文笔清晰。今有机会翻译他的著作，我实感三生有幸，同时又诚惶诚恐，生怕水平有限，文笔低劣，给作者抹黑。

    能够有机会接手这篇著作的翻译工作确实是一波三折，缘分使然。原定的译者出国，任务落到了我的头上。因时间较紧，故与另外两位译者杨林玉和袁瑞玚合作翻译，其中杨林玉女士负责翻译序言、简介、第一章、第二章及第六章，袁瑞玚女士负责翻译第三章和第十章，我负责翻译第四、五、七、八、九章及结语。

    翻译是一个漫长而又枯燥的工作，而我同时又要搞科研，只好在业余时间，加班加点，挑灯苦干。由于是科普读物，我又专业对口，专业知识翻译难度并不大，但是英语和汉语毕竟是不同的语系，真正的困难还在于对语言的驾驭和词句的组织方面。原本简单明了的英语句子，直译过来就会显得十分的拗口，很多情况下必须采用意译的方法，所以译者在调整语序和遣词造句方面花费了很多的时间，煞费苦心，力求语句通顺连贯。我们三位译者互相取长补短，我负责全书专业方面的把关，两位女士负责语言文字上的润色。翻译的主旨讲究"信、达、雅"三个字，"达、雅"二字不敢当，但我们把这个"信"字贯彻得还是比较透彻的，就是坚持将作者的原意翻译出来，绝不主观臆测，歪曲作者本意，然后再尽最大努力向"达、雅"上靠拢。

乔恩·埃里克森不愧是闻名的学者，思路清晰，知识面广，学识渊博。仅在本书，就涉及了板块活动、地震、火山、滑坡、泥石流、地面沉降、洪水、沙尘暴、陨石撞击和生物大灭绝等内容，基本上囊括了地质灾害的方方面面，而且条理清楚，每一方面的地质灾害各占一章，内容详实，让读者对整个发生在地球上的地质灾害有一个全方位的了解。对每一种地质灾害，作者又旁征博引，在历数发生在地球上的各种地质灾害的同时，又详细剖析了各种地质灾害产生的原因、类型、过程、影响和可怕的后果，在必要的地方还提出了整改方法和防治措施。特别在最后一章生物大灭绝中，作者特地指出了人类活动给生物和地球环境带来的危害和不良影响，呼吁人们拯救生物，保护环境，保卫地球家园，发人深思。

出版在即，我深感不安。作为一个年轻的译者，水平有限，加之校对仓促，书中错误与疏漏在所难免，还请读者见谅。如有意见和建议，欢迎与我联系。

感谢责编马岩、刘莎女士提出的建设性意见和建议，特别感谢刘莎女士在我翻译过程中给予的莫大支持与帮助。最后，向所有关心支持本书翻译、编辑、出版的朋友们致谢。

李继磊
2009年4月于北京